觀海賛

海不揚波魚鰕可数

際會明良風雲龍虎

中信出版集团 · CHINACITICPRESS · 北京

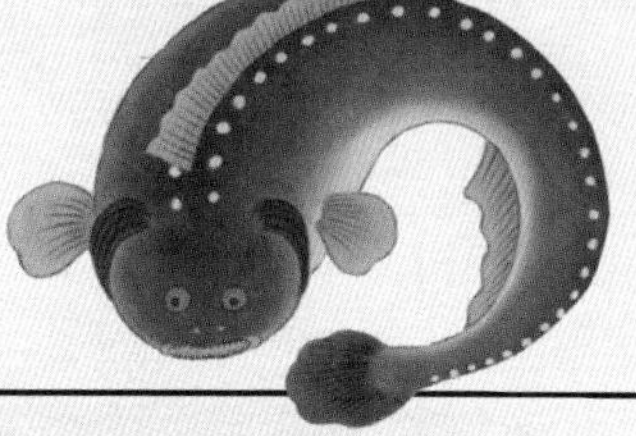

目录

序 007

第一章 介部

【海和尚】013
【海夫人】019
【龟脚】027
【鲎】033

第二章 鳞部

【𬟽虎】047
【夹甲鱼】055
【石首鱼】061
【四腮鲈】069
【马鲛】077
【龙头鱼】083
【钱串鱼】089
【带鱼】095
【跳鱼】103
【人鱼】111
【海鳝】117
【海蛇】123
【鳄鱼】131
【赤鳞鱼】137
【海㹠】143
【蛇鱼】149

第三章 虫部

【龙肠】159
【龙虱】165
【海蜘蛛】171
【土鳖】177
【海粉虫】185
【泥翅】193
【泥钉】201
【石乳、墨鱼子】209

第四章 禽部

【雀化鱼蛤】219
【金丝燕】225

序　一本清代“海鲜”图鉴的解密笔记

中学时，我有一次去故宫玩。身为生物爱好者的我，被书画展区的一排动物画谱吸引了。沿着展台看过去，第一本是《鸟谱》，精美绝伦的花鸟画。第二本是《鹁鸽谱》，各种古代观赏鸽。第三本《兽谱》，各种走兽，里面有一张是一头黑猪。当时我觉得有点儿可笑，一头猪也值得画进皇家画谱？

但当我看到最后一本《海错图》时，那头猪已经完全不算什么了。这本画谱里全是稀奇古怪的海洋生物，画风也和前几本截然不同。说它是工笔画吧，动物的神态又十分卡通；说它是漫画吧，可又一本正经的样子。而且这些动物似乎在现实中都有原型。记得有一幅是“井鱼”，画的是一只头顶喷水的大海兽，一眼即知其原型是鲸鱼。

看惯了花鸟画的我，惊讶于中国竟然有如此有趣的海洋生物图谱。同时，我感觉体内一个暗埋的兴趣点发光了。

我从小就对动物感兴趣，尤其喜欢昆虫。然而每当家人带我去海边旅游时，我都会第一时间跑到沙滩最边缘的礁石区。那里带给我的兴奋，比昆虫要大得多：石头上附着藤壶、海藻，石缝里藏着小螃蟹，积满海水的石窝里满是伸开触手的海葵、傻头傻脑的小鱼、背着螺壳的寄居蟹……方寸之地竟有如此密集、多样的生物，这是生在城市的我无法想象的。从那时起，我心里就埋下了一颗海洋的种子。

随着长大，我对海洋生物的兴趣越来越浓。阅读相关书籍、去各地沿海探访、在珊瑚礁海域浮潜、拍摄海洋生物的生态照、为杂志撰写和策划海鲜类稿件、每到沿海城市必去海鲜市场遛弯儿，这些成了我最爱做的事。2014年，一听说《海错图》被故宫出版了，我立马跑到故宫神武门旁的售卖点，买了刚出炉的一本。

翻阅之后，这扇新世界的大门彻底在我面前打开了。它的作者叫聂璜，出生在明末的杭州，是一位画家兼生物爱好者。他苦于自古以来都没有海洋生物的相关图谱流传，决定自己画一本。康熙年间，聂璜游历了河北、天津、浙江、福建多地，考察沿海的生物。每看到一种，就把它画下来，并翻阅群书进行考证，还会询问当地渔民，来验证古书中记载的真伪。

经过几十年积累，聂璜最终在康熙三十七年（公元1698年）完成了《海错图》。这也是他唯一传世的作品。之后，聂璜就从历史中消失了，此书也没了下落。直到雍正四年（公元1726年）这部书才重现江湖。这一年的皇宫档案记载，太监苏培盛（对，就是《甄嬛传》里的那个苏培盛）把《海错图》带入了宫中。

之后，乾隆、嘉庆、宣统等皇帝都翻阅过这部图谱。到了民国，由于日本侵华，故宫文物南迁。辗转中，全套四册书分了家。现在前三册《海错图》留在了北京故宫，第四册则藏于台北故宫博物院。

海错的“错”，是种类繁多、错杂的意思。汉代以前，人们就用“海错”来指代各种海生物。《海错图》描绘了300多种生物，其中的动物涵盖了动物界的大部分主要类群，还记载了不少海滨植物。这本书颇具现代博物学风格。而且每种生物所配的文字，既有观察记录，又有文献考证，并配趣味“小赞”一首，读来令人兴致盎然。

但我发现，书中也有不靠谱之处。比如有些动物聂璜未曾亲见，仅根据别人描述绘制，外形有很大失真。关于生物习性的记载，也是真假混杂。也正因如此，我得以从文字和画中发现蛛丝马迹，辨别真伪，并一步一步推理分析，从而鉴定出画中生物的真身。就像在破案一样，非常过瘾。

于是，我从2015年夏天开始进行一项工作：用今天生物学的角度，对《海错图》中的生物进行分析、考证。在这期间，除了翻阅各种资料外，我还去辽宁、福建、广东、广西、天津以及日本、泰国等地搜集素材、实地考证……到今天一年半了，不知不觉也写了30篇文章。工作还将继续，先集为一本《海错图笔记》，大家看着玩儿。

我采用了中国传统本草书的分类法，把书中生物归为“介部、鳞部、虫部、禽部”4类。虽然不符合现代科学的分法，但可以展示古人是怎样给生物分类的。在这30篇文章里，有海洋生物的科普，有故纸堆里的考据，有中国人和大海之间的逸事，也有一些我个人的絮叨。

说白了，就是我读《海错图》时做的30篇笔记。如果看完后，你觉得这是一本有意思、有意义的书，那我就很高兴了。

第一章 介部

康熙二十五年松江金山衛王
鄉宦建花園適有漁人網得章
魚異狀頭如壽星兩目炯炯一
口洞然有肉纍纍如身之趺坐
狀而二足蓋章魚之變相者也
漁人以足旋繞其身置於盤内
獻之王宦謂天有長庚星海有
老人魚新建花園而有此吉兆
禄壽綿長之徵非偶然也觀者
數千人嘆以為異乃賞之仍令
放歸於海似即海童

壽星章魚贊

螺藏仙女蛤變觀音
章魚效尤相現壽星

【海和尚】

鳖身人首，振臂远航

海和尚是一种传说中的生物，在古籍中的形象有点儿混乱。但《海错图》中的海和尚，似乎更接近一种现实中的动物。

海和尚鱉身人首而足稍長廣東新語具載然未有人親見則難圖康熙二十八年福寧州海上網得一大鱉出其首則人首也觀者驚怖投之海此即海和尚也楊次聞圖述

海和尚贊

海中和尚本不求施
危舟撒米乞僧視之

棱皮龟和其他海龟的背壳对比（左一是棱皮龟）

一

在中国的古书中，到处可见“海和尚”的传说。这种海中的神秘生物长什么样，一直没有统一的说法。

有人直接把它等同于人头鱼身的人鱼。《广东新语》云：“人鱼雄者为海和尚，雌者为海女。”

有人说它像秃头的猴子。《子不语》写道，某渔民起网时，发现“（渔网中）六七小人趺坐，见人辄合掌作顶礼状，遍身毛如猕猴，髡其顶而无发，语言不可晓。开网纵之，皆于海面行数十步而没。土人云：此号‘海和尚’”。

至于《海错图》，则采用了和《三才图会》类似的说法：“海和尚，鳖身人首而足稍长。”还提供了一件目击案例：“康熙二十八年，福宁州海上网得一大鳖，出其首，则人首也。观者惊怖，投之海。此即海和尚也。”

除了中国的海和尚，其他国家也有类似的『光头海怪』传说。比如欧洲中世纪有人头鱼身的『海修道士』（sea monk），日本有『海坊主』『海座头』。坊主在日语里指和尚或秃子，座头则是背着琴的盲僧，基本等同于海和尚。这幅歌川国芳绘制的浮世绘《东海道五十三对·桑名》，描述了一位船夫在海上遇到了巨大的光头海怪——海坊主，海坊主问他：『你害怕吗？』船夫回答：『除了生存度日，其他没什么好怕的。』海坊主一听，尴尬地消失了

世界第一大龟

㈡

说实话，很难给这种怪物找到一个现实中的原型，毕竟每个传说都口径不一。我们不妨缩小范围，只看《海错图》的描述。

首先，这个“鳖身”就很有意思。这意味着海和尚虽是龟形，但壳被皮肤包裹，像鳖一样。海里没有鳖，只有海龟。现存的海龟中，只有一种符合以上描述——棱皮龟。

棱皮龟是地球上现存最大的龟，能长到2.54米，远远大于其他海龟。严格来说，棱皮龟不算海龟。因为其他海龟都属于海龟科，唯独它属于棱皮龟科。棱皮龟科里只有棱皮龟一个种。它的后背没有角质的甲片，而是包了一层革质的皮肤，与其他海龟截然不同，不知道的人也许真的会以为是个大鳖。

棱皮龟也是世界上移动速度最快的爬行动物之一。按身体比例来讲，它的前肢是海龟中最长的。这么长的前肢划起水来，可以达到每小时35公里的速度。这也正好和海和尚“足稍长”的记载相符。

至于“人首”嘛，就见仁见智了。棱皮龟脑袋光光，倒是符合和尚的特点。而它的五官，说像人也像，说不像也不像。有些传说里所说的，海和尚被抓住后会流泪、口念经文，可能是棱皮龟从眼中的盐腺排出含盐液体、发出沉重的呼吸和低吼的现象。

棱皮龟的脑袋像和尚吗？见仁见智吧

对比科学家和上岸产卵的棱皮龟，可见其体形之大

作为一种接近于恒温的爬行动物，棱皮龟能一直游到冰岛、挪威等地的寒冷海域，还能做跨大洋的远行。跑这么远，是为了追逐它的猎物——水母。

棱皮龟是狂热的水母爱好者，每天能吃掉500多千克的水母。吃了千百年，最近出事了。有一群叫人类的动物，发明了一种叫塑料袋的东西，并将它们随地乱扔。漂在海中的塑料袋被棱皮龟当作水母，一口吃下。满肚子塑料袋的结果，自然是死亡。

还有一件事也是要命的。蛋中小龟的性别是由气温决定的。温度高时，就发育成雌性，温度低就变成雄性。随着全球气候异常，原本合理的雌雄比例被打破，这非常不利于繁衍后代。

马来西亚曾是棱皮龟最多的地方之一。但从1960年以来，它们的数量已经减少了99%。至于中国，近年只是零星报道过几起渔民误捕、尸体搁浅的事件。不管它是不是海和尚的真身，反正注定会和海和尚一样，慢慢地成为传说中的生物。

巨大的棱皮龟，颇有古昔巨兽的风范。它身边常跟着寻求它保护的、具有斑马花纹的舟鰤

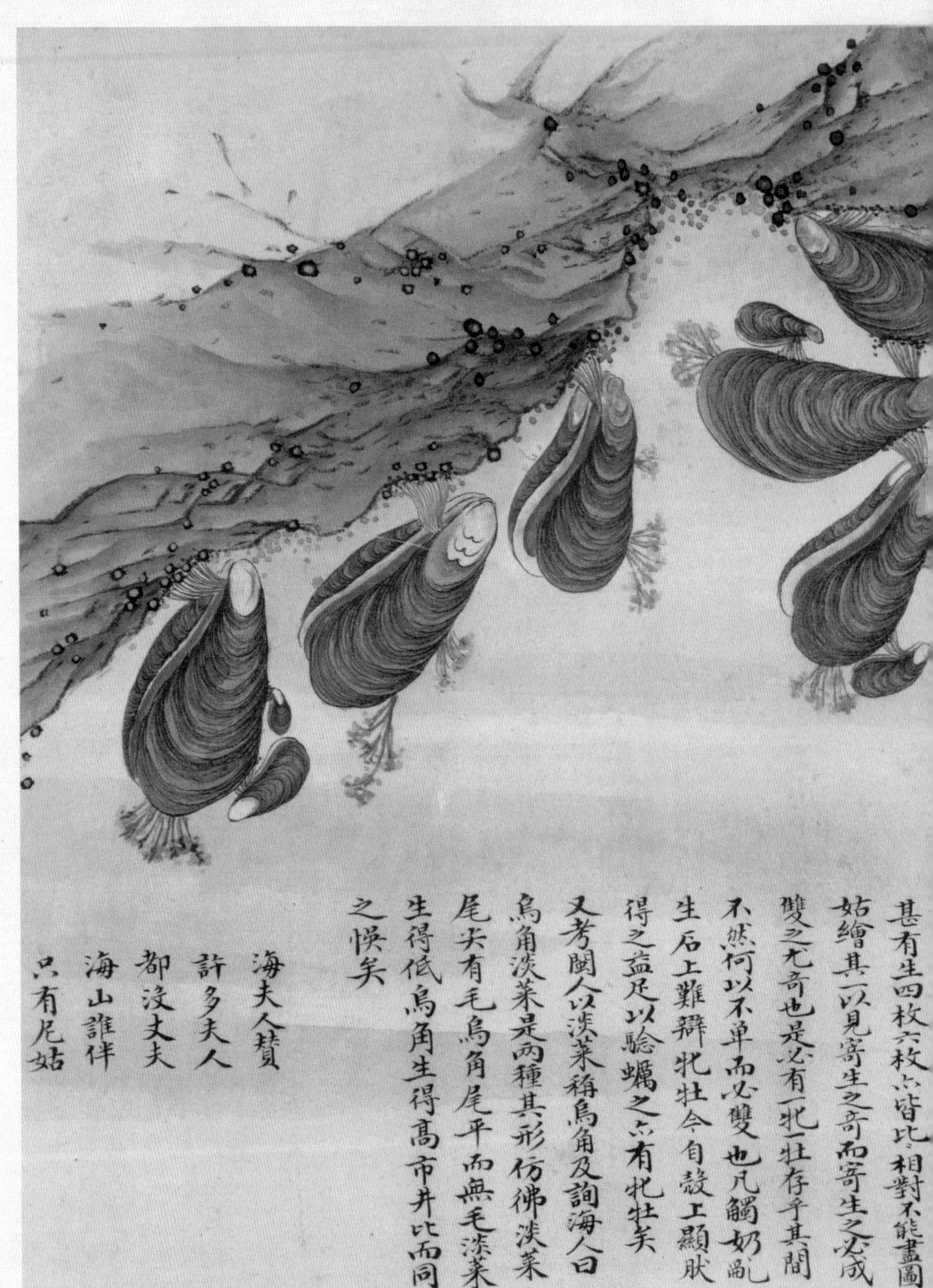
甚有生四枚六枚亦皆比比相對不能盡圖
姑繪其一以見寄生之奇而寄生之必成
雙之尤奇也是必有一牝一牡存乎其間
不然何以不单而必雙也凡觸奶亂
生石上難辯牝牡今自殼上顯肰
得之益足以驗蠣之亦有牝牡矣
又考閩人以淡菜稱烏角及詢海人曰
烏角淡菜是兩種其形彷彿淡菜
尾尖有毛烏角尾平而無毛淡菜
生得低烏角生得高市井比而同
之悞矣
海夫人贊
許多夫人
都沒丈夫
海山誰伴
只有尼姑

【海夫人】

淡菜青口，俱是夫人

贻贝是常见的食用贝类。除了淡菜、青口、海红等俗名，它还被称为『海夫人』。个中缘由颇三俗。

奇遠而止癩予嘗食得細珠知亦蚌屬也
夫蚌屬介名而曰淡菜意何居乎客閩市
上偶購得鮮者其毛多彼此聯絡益奇之
因詢之採此者曰凡蛤屬在水在泥多遷
徙無常獨淡菜之毛粘繫石上甚堅且各
以其毛大小相附五七枚不止大約淡菜精
液溢于外則生毛而毛結成小淡菜遂爾
生生不絕潮汐雖往來於其間其性必嗜
淡水於泉石間故戀戀不遷此淡菜
之所由以得名也故圖而肖之

一物多名

《海错图》画了很多贝类，我一直不太敢考证，因为我对贝类不太熟悉。但是这幅画我敢，一个是画得形象，一个是确为常见的大路货，再不认识就不合适了。不光我，相信拉十个人来看画，得有六七个脱口而出："这不就是淡菜么！""这不就是青口么！""这不就是海红么！""这不就是壳菜么！"然后他们就打起来了。

其实他们都没说错。淡菜、青口、海红、壳菜，说的都是一个东西——贻（音yí）贝。贻贝是一个属的名字，下分很多种，样子都差不多：青黑色、水滴形的双壳贝。聂璜说他画的贻贝产于浙闽。从画中的颜色、大小看，应该是"厚壳贻贝"这个种。它是当地最常见的食用贻贝。

《海错图》里还有一种『石笋』，有人认为它是另一种贻贝——翡翠贻贝。石笋的体形、颜色确与翡翠贻贝接近，但它可以『带壳咀嚼』，翡翠贻贝的壳没有薄到这个程度。所以我认为，将其鉴定为翡翠贻贝证据不够

附生在礁石上的贻贝

淡菜干

淡在哪里?

㊂

贻贝俗名甚多，大部分都好理解。壳菜因为有壳，青口因为壳青，海红因为肉红。可“淡菜”却颇费解。哪儿淡了？哪儿菜了？

《海错图》里解释说：“潮汐虽往来于期间，其性必嗜淡水于泉石间，故恋恋不迁。此淡菜之所由以得名也。”说大白话就是，贻贝长在泉水入海处的石头上，退潮了也不回到大海，一定是因为它更喜欢淡水，故名淡菜。

这个理由站不住脚。确实有个别贻贝种类是淡水的，但都很小，没有食用价值。被称为淡菜的都是大型的海生贻贝，它们长在泉水入海处，不是爱好淡水，是因为这里有礁石可以附着。聂璜光看见泉水入海处贻贝多，却不知道没有淡水的海底礁石上贻贝照样多，而且品质更好。

所以淡菜之“淡”，不是指淡水。有人说，某些素食者会将贻贝肉当成素食补充营养，所以叫淡菜。但为何不吃素的人也叫它淡菜？我觉得，更像是先有淡菜之名，素食者望名生义才将其列为素食的。

思来想去，还是《清稗类钞》里的说法更合理些：“淡菜为蚌属，以曝干时不加食盐，故名。”确实，做贻贝干只需先把它煮开口，再挖出肉晒干就行，不用加盐，自然“淡”了。至于“菜”，我觉得是因为贻贝易得，沿海人已经把它视为和蔬菜一样寻常的食物了。就像潮汕人管盐水煮鱼叫“鱼饭”一样。以鱼为饭，以贝为菜，这就是海边人的日常。

以毛附石 ㊂

聂璜在市场上常看到贻贝上有粗硬的黑毛。采贻贝的人告诉他："贝类都爱在泥里到处爬，唯独贻贝是用毛把自己粘在石头上的，而且大贻贝上又粘着小贻贝。大概是贻贝的精液溢出来变成了毛，毛上又结出了小贻贝，生生不绝。"

这种说法是采贝人想当然了。那些毛可不是用于繁殖的。它们今天的科学名字叫"足丝"，是专门用来附着在岩石上的。每根足丝顶端有吸盘一样的结构，能把贻贝牢牢固定住。至于大贻贝上的小贻贝，也不是大贝生出来的，只是因为大贝把岩石占满了，小贝来晚了，只好附在大贝上了。

贻贝通过足丝将自己固定在石头上

贻贝的肉「状类妇人隐物，且有茸毛，故号海夫人」

现在只要涉及贻贝的宣传，都会来一句：“贻贝号称‘东海夫人’。”好像这是个美誉之词。但为什么偏叫“夫人”？我一直不明白。直到我看到《海错图》里的这句：“淡菜……肉状类妇人隐物，且有茸毛，故号海夫人。”

当时，我脑海中只有《甄嬛传》里那句话：“怎么会有如此淫乱之事呢？”之前我吃贻贝时，没觉得像啊？于是赶紧上网下单，买来一包新鲜的、带毛的贻贝（一般市面上的贻贝都会去毛）。煮熟后从侧面一看，你别说，配上那一撮足丝，还真像。

聂璜似乎也对此很感兴趣，他在画旁写了一首《海夫人赞》：

许多夫人，
都没丈夫。
海山谁伴？
只有尼姑。

贻贝在繁殖季节，红肉为雌性，白肉为雄性

现实中，贻贝身上的藤壶并不是成双成对的

藤壶辨伪

五

聂璜还记载了一件更奇特的事：大个儿的贻贝上，常有触奶（藤壶）附生。这个不稀奇。藤壶是一类长得像火山口的动物，礁石上到处是，附在贻贝上也正常。怪事在后面：贻贝上的藤壶，必是两两一起，没有单个的。聂璜猜测，这俩是不是一雄一雌呢？

其实藤壶是雌雄同体，所以他猜错了。而且他观察的样本量也不够，贻贝上只有一只藤壶或者单数藤壶的情况数不胜数，根本不存在他说的情况。

不过，藤壶确实喜欢好几只挤在一起，这样对交配、抵抗巨浪都更有利。幼藤壶开始时是自由游动的。它可以识别出大藤壶的位置，然后固定在大藤壶边上生长。

这张画的边上还画了些小草一样的东西，旁边注解说是紫菜。画得不怎么像，他说是就是吧。紫菜和贻贝经常长在一起。人们也经常在采贻贝时把紫菜挖走。要是拿回家做一碗“贻贝紫菜汤”，那就真成全它们俩了。

贻贝在繁殖季节很好区分。雄的肉是白的，雌的肉是红的。用它们煮的汤“清白如乳泉”。欧洲人也很喜欢吃，法式奶油贻贝就不错。西班牙海鲜饭里也少不了几只张开盖的、肥肥的贻贝。

《海错图》里画在海夫人旁边的紫菜

西班牙海鲜饭里，少不了贻贝

和紫菜长在一起的贻贝。那些褐色膜状的就是紫菜

小各五指為堅殼兩旁連而中三指能開合開則常舒細爪以取潮水細虫為食故其下有一口食者剝殼取肉醃鮮皆可為下酒物據海人云鮮時現取而食甚美而獨盛于冬此物多生岩隙或石洞內取者以刀起之入洞取者常有熱氣蒸人則斃為之鼓潮至每有洞窄能入而不能出者雖無頭目是皆各具一種生氣故爾其形詭異中原之人乍見多有驚疑不識者屠掩菴嘗述明季有福寧州守以甲榜莅任出入州前見有龜脚不知何物又不屑問乃手書求菜攸上云如勿字易字者送進執役不知何物有解者曰必龟脚也試進之果是可為噴飯至今以為笑談

龟脚贊

余苴見夢

烹龟食肉

其殼用占

惟棄龟足

【龟脚】

非蛎非蚌，如『勿』如『易』

龟脚，这种礁石上的海物，知道它的人并不多。其实，它身上有很多故事，有的搞笑，有的让人流口水，有的能要人命……

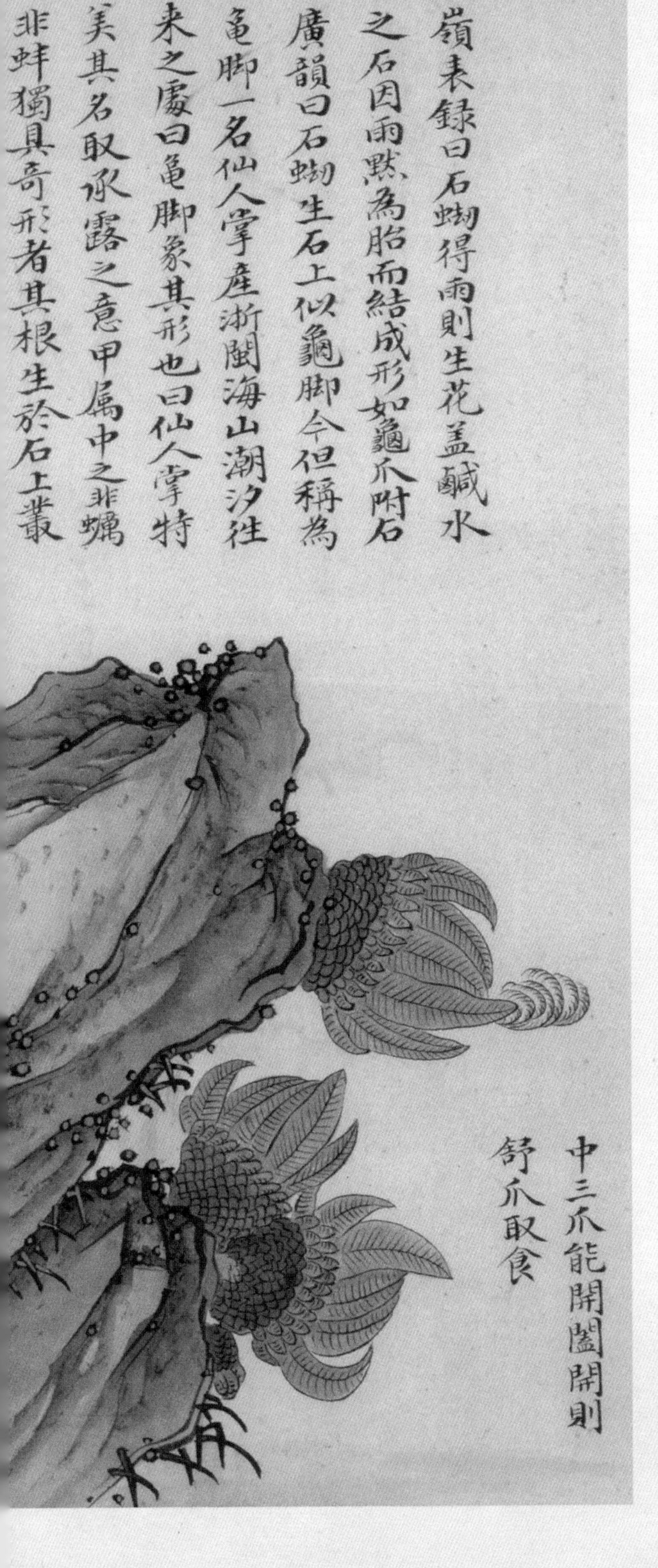

五花八门的名字

一

“石蜐（音jié），今称为龟脚，一名仙人掌。”北宋时期的《广韵》里，短短一句话，就给这种动物安上了3个名字。石蜐，看名字能猜出是一种长在石头上的“虫”。那么，后两个名字呢？《广韵》也给出了解释：“曰龟脚，象其形也。曰仙人掌，特美其名。”意思就是，叫它龟脚，是因为它长得像乌龟的脚；叫它仙人掌，只是为了好听些，所以把乌龟换成了仙人。不过，这和植物里的仙人掌无关。

除此之外，它的各种别名也都是形容长相的：佛手贝、狗爪螺、鸡冠贝、观音掌、笔架，日本人叫它“龟手”……而它在科学界的中文名称叫“龟足”。

龟足中间的3个『指头』里，会伸出又细又软的蔓足，抓取水中的食物

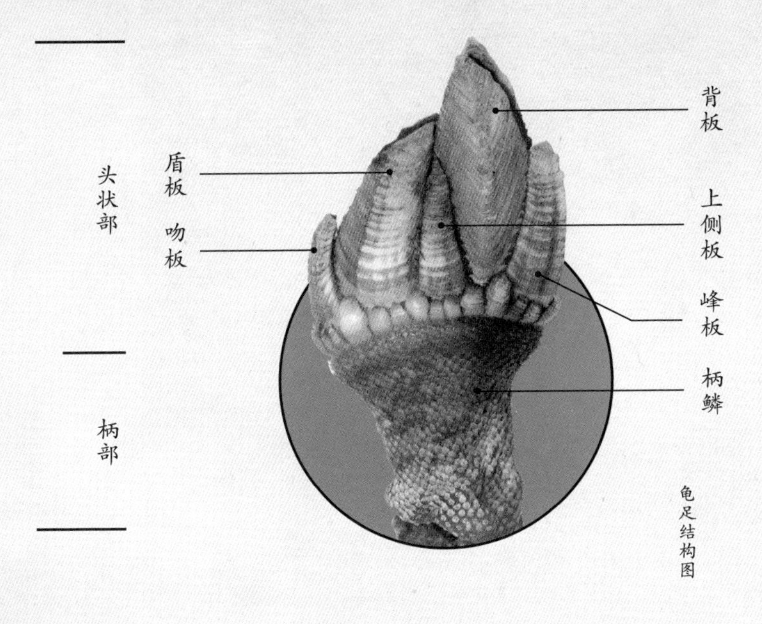

龟足结构图

非蛎非蚌，舒爪取食 ㊁

虽然，龟足在俗名里被冠以贝、螺之名，但聂璜对此有清醒的认识。他说，龟足“非蛎非蚌”。确实，龟足与贝、螺没有关系。它属于甲壳动物亚门，蔓足纲，围胸目，铠茗荷科，和虾、蟹的关系更近。

可为什么它不能像虾、蟹一样爬行呢？其实它的幼虫是会游、会爬的。一旦找到合适的礁石，幼虫就会把自己固定住，然后慢慢变成龟脚的样子。“脚爪”部位就是它的头状部。聂璜观察得很仔细：“爪无论大小，各五指……中三指能开合，开则长舒细爪，以取潮水细虫为食。”看看实物，还确实是5个“指头”。其实，龟足共有8块壳板，其中3个指头分别由两块壳板拼合而成。当中间的壳板打开后，它就会伸出“细爪”（科学上叫蔓足），抓食水中的浮游生物。

至于“脚脖子”部位，则是它的柄部，负责固定身体。由于要抵抗海浪冲击，柄部的肌肉特别发达，外面还生有粗糙的鳞片。龟足通常将柄部藏在石缝里，只露出头状部。

附着在礁石上的龟足

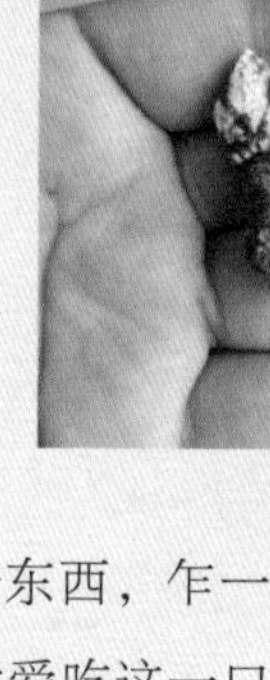
完整的龟足

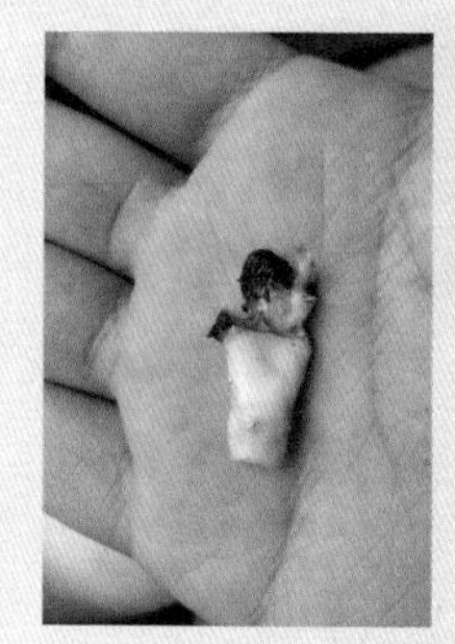
剥掉外壳的龟足

吃着解闷的小海鲜

三

龟足这个东西，乍一看好像不能吃，但不少生活在沿海地区的人还就爱吃这一口。他们吃的是龟足的柄部。把外面的硬皮剥掉，里面是一块白肉。这块肉口感紧实，有蟹肉味。虽然就算吃掉一大盘也不解饿，但可以解闷，就像嗑瓜子一样。

中国人吃龟足，一般是白灼或爆炒，当作下酒小菜。江户时代的日本人则把龟足视为滋补的海鲜，会用清酒把它蒸熟，或者做成味噌汤。

四 如『勿』如『易』，有喜有悲

在《海错图》中，还记载了两件关于龟足的逸事。

第一件事比较悲伤。龟足生长在海边的石洞内，冬天尤其繁盛。人们会趁退潮钻进洞里，采集龟足。而此时，洞里通常比外面热。热气一蒸，人的身体就会略微发胀。如果洞口太小，发胀的身体就钻不出来，等到涨潮时，这些出不来的渔民就被淹死在了洞里。

第二件事比较有趣。由于龟足外形诡异，古时候中原人不认识它。有一次，一个中原人到福宁州（注：今福建宁德、霞浦一带）做官，看到市场上有卖龟足，想尝尝，但又不屑于向别人请教它的名字，于是便在采购单上写："给我买那种长得像'勿'字或'易'字的东西。"负责采买的手下人看不懂，有人给他支招："一定是龟足，那东西不就长得像'勿'字和'易'字吗？"采买的人试着买来龟足，这个中原人一看："对，就是这个！"

这个段子莫名戳中了聂璜的笑点。他写道，这件事"可为喷饭，至今以为笑谈"。从这件事我们不难看出，聂璜笑点够低的。

白灼龟足

張漢翁論鱟之形狀及醢膾法甚詳謂鱟初生如豆漸如盞至三四月纔大如盂殼
作前後兩截筋膜聯之可以屈伸前半如剖瓠之半而兩腋缺處作月牙狀前半殼
縱紋三行直六刺兩泡兩點目也雌鱟至秋後放子則明而有光捕者難取後半截
似巨蟹而堅厚中縱紋一行三刺兩旁殼邊各八刺每邊又出長刺各六皆活動尾
堅銳列刺作三稜長與身等亦能搖曳自衛腹下藏足左右各六似足非足又皆有
雙岐如螯狀末兩大足如人指作五岐變幻尤異足皆繞口在腹中心簇芒如針後
半殼下一膜覆軟肉葉各五片如蝦之有䟫藉以游泳腸僅一條甚短而無臟胃其
背黑綠色腹下及爪足黑紫色牝者滿腹皆子子如小綠豆而黄其脂膋況香色血
藍色但剪鱟有方須先出其腸勿令破熟後節解之如腸破少滴其穢臭惡不堪食

【鲎】

无鳞称鱼，有壳非蟹

『鲎』由『学』和『鱼』组合而成，难道是『有学问的鱼』？不错，这种生物蕴含着独特的生存智慧，很有些学问可讲。

鱟腹賛
背剛腹柔
形如缺盆
一口當胸
其足二九

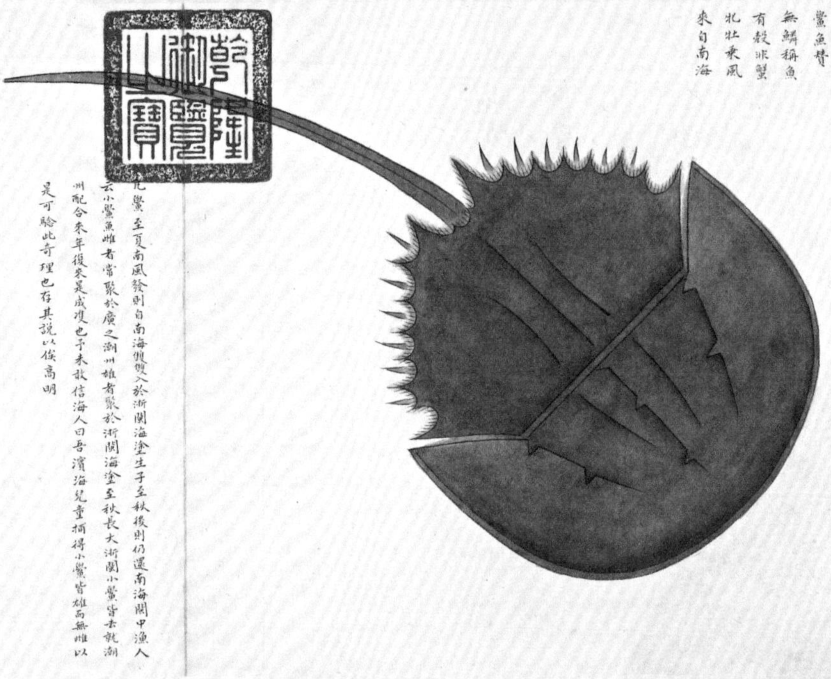

2017年7月，台北故宫博物院在官网上免费公开了《海错图》第四册的大图，其中就包括「鲎背」一图。我把它收录进此文。在一鲎分隔两岸几十年后，鲎背和鲎腹终于又出现在同一本书里了

鱟魚賛
無鱗稱魚
有殼非蟹
牝牡乘風
來自南海

乾隆御覽之寶

鱟至夏南風發則自南海雙雙入於浙閩海塗生子至秋後則仍還南海閩中漁人云小鱟魚雌者常聚於廣之潮州雄者聚於浙閩海塗至秋長大浙閩小鱟皆去就潮州配合來年復來是成炦也予未敢信海人曰吾濱海兒童捕得小鱟皆雄而無雌以是可驗此奇理也存其說以俟高明

一腹一背，隔海相望

《海错图》一共分四册，前三册现藏北京故宫，第四册在战乱中分离，现藏台北故宫博物院。北京的三册已经出版成书，台北的第四册却一直藏于库房。而书中偏偏有一种动物——鲎。它的腹面图在第三册最后一页，背面图在第四册第一页，所以这种动物就被分成了两半，隔海相望。

我手中有清晰的鲎腹的图文，但想看鲎背却费了劲。网上只有它的一张书影，很小，看不清上面的字。在台湾时，我还特意去台北故宫博物院，期待看到展览中的《海错图》，但是“寻隐者不遇”。后来听别人谈起，台北故宫博物院出过一本《故宫书画图录》，里面有《海错图》。赶紧买来，发现整个第四册全被收录在内，但都是很小的黑白图，照例看不清。万幸，书前面的彩页里有4张海错图的内页，其中一张正是鲎背！字虽如蚁，但终于可以认出了。

兄弟灭绝，孤独一支

二

这么多年，我听过全国各地的人把“鲎”字念成“熬”，念成“鳌”，念成“鱼”，念成“鲄、猴、吼、后”……正音应是“hòu”。有人考证，这种动物在一些南方方言中和“学”字同音，所以可能是借用了“学”字的头来表音，加上“鱼”来表意，以示这是和鱼一样生活在水里的动物。《三才图会》则认为，鲎在南风到来时会上岸产卵，所以“善候风”（善于观测风向），故发音为“候”。

《海错图》里把鲎含糊地称为“海中介虫”，因为它“无鳞称鱼，有壳非蟹”，归为哪一类都不合适。这不能怪聂璜。实际上，鲎在今天没有近亲，它的近亲早灭绝了。在现存生物中，鲎自成一派，独占肢口纲，剑尾目。这个目下仅有4个物种：美洲鲎、中国鲎、南方鲎（巨鲎）和圆尾鲎。除了美洲鲎外，其他3种都在亚洲。

如果非要给它扯个亲戚，那么鲎属于节肢动物门，螯肢亚门。蝎子和蜘蛛都是这个亚门的成员，它们和鲎算是远亲。

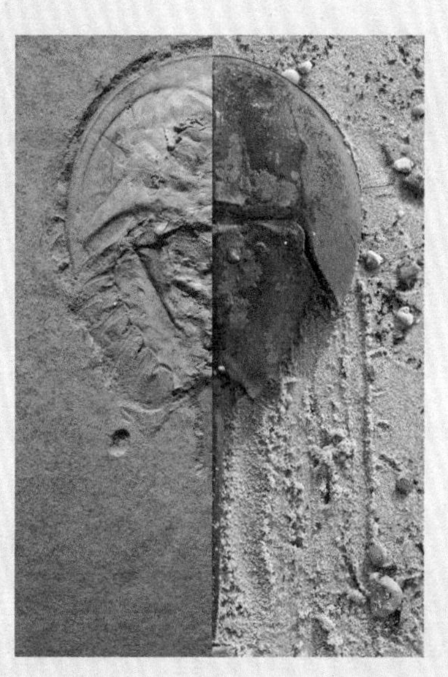

把鲎的化石和现生鲎对比，可看出它的外形基本没变

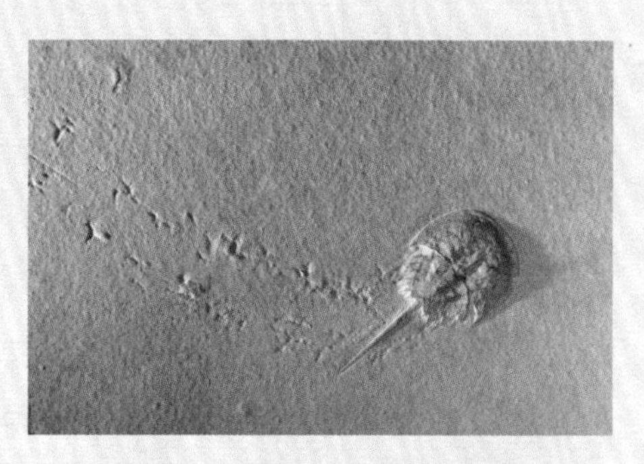

这只远古的鲎在爬行中突然死亡，变成化石。身后还留下了最后的足迹

不慎翻身后，由于沙滩过于平整，这只鲎无法用剑尾将身体顶回来，挣扎数圈后被太阳烤死

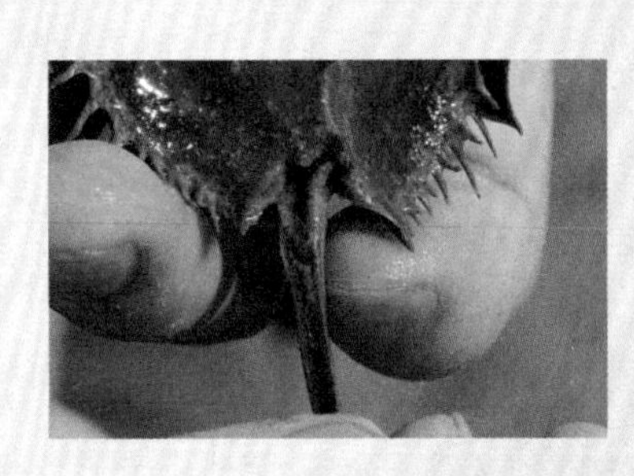
中国鲎的剑尾横截面呈三棱形，基部还有几个棘刺

三 矛盾合体两亿年

鲎最早出现在4.5亿年前。两亿年前，它就进化成如今的样子。这种外形已经足够适应它的生境，所以至今几乎没变。

鲎的身体分为三部分。按《海错图》的说法，最前面的头胸部“如剖匏之半”，也就是像半个瓢。上面还有“纵纹三行，直六刺，两泡两点目也”。这句说得很对。鲎的头胸部背面长着两个小小的复眼，因为太小，常被误认为花纹，但聂璜认出它是眼睛了。他没注意到的是，鲎“脑门”中央还有一对更小的单眼。

所有的6对附肢则长在头胸部的腹面。聂璜本来写得挺对，说足“左右各六”。但他又无中生有地在大足之间添了6只小足，导致变成了18条腿。不知为何。难道他眼睛间歇性散光？

圆尾鲎的剑尾基部为半圆形，没有棘刺

第二部分是梯形的腹部，“每边又出长刺各六，皆活动”，说的是两侧的棘。腹部的腹面是生殖厣和鳃。它的鳃就像一页页书，所以叫“书鳃”，不但能呼吸，关键时刻它还能肚皮朝上，用书鳃划水，游起仰泳来，即《海错图》所说：“叶各五片，如虾之有跗，借以游泳。”

第三部分就是身体末端的“剑尾”，“尾坚锐，列刺作三棱”。台北故宫博物院的那幅画里，也显示出剑尾呈三棱柱形。从这一点可以推断，《海错图》画的是中国鲎。中国已证实有两种鲎分布：中国鲎和圆尾鲎。它俩的区别就在尾部。圆尾鲎的剑尾横截面为半圆形，中国鲎则为三棱形。

受惊时，鲎会竖起剑尾，保护自己的腹部

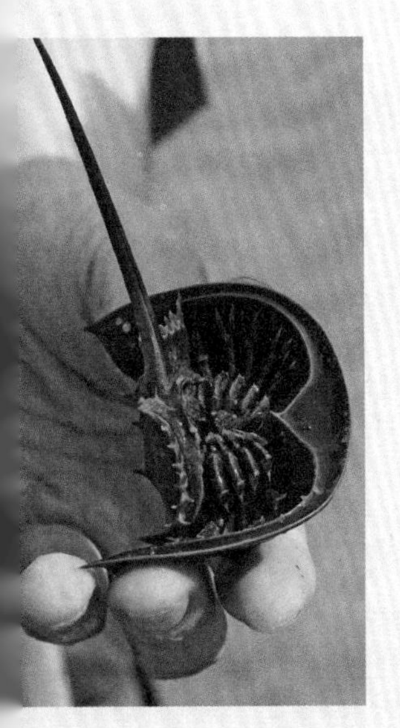

除了自卫，剑尾的主要作用是能让自己在仰面朝天时一顶地，让身体翻过来。此外，雌鲎在产卵时也会用剑尾把身体支起来，使身下有空间可以排卵。

这三部分组合起来，像一个装备了长矛的盾牌，攻守兼备。

中国鲎雌雄辨别

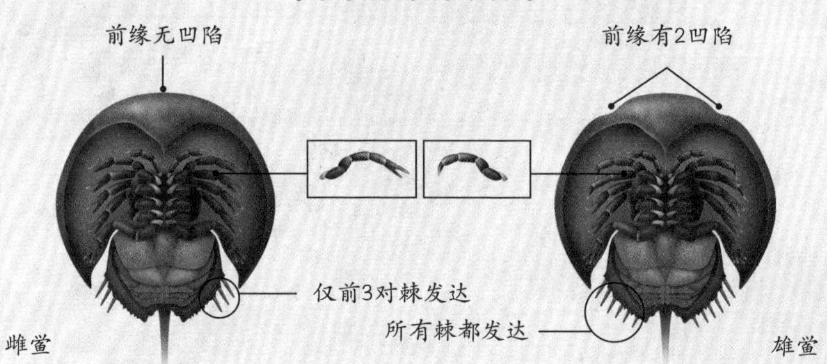

来自儿童的误会

四

夏天是鲎的繁殖高峰。聂璜说："凡鲎至夏南风发，则自南海双双入于浙闽海涂生子。"其实登陆浙闽产卵的，就是当地海里的鲎，不是南海跑来的。但当时闽中渔民盛传此说，他们告诉聂璜，浙闽只有雄性小鲎，雌性远在广东潮州。每年秋天，浙闽的小雄鲎全都赶往潮州"勾搭"雌鲎。来年夏天，就都带着媳妇回来产卵了。

聂璜本来不信，但闽中渔民又说："吾滨海儿童捕得小鲎，皆雄而无雌！"似乎是铁证。聂璜于是将信将疑地将其记在《海错图》中，"存其说，以俟高明"。

几百年后，这位"高明"终于出现了，那就是没羞没臊的我。有了现代科学的武装，我斗胆分析一下。

前面说过，《海错图》描述的是中国鲎。这种鲎在成年时有明显的雌雄差别：雌鲎腹部边缘只有前3对棘发达，而雄鲎则所有棘都发达。但幼年的鲎，无论雌雄，棘全都一样长，看上去似乎都是雄性。渔民自然会纳闷雌鲎在哪里，于是想当然地认为雌鲎大概在南方的另一个产鲎地——潮州。而秋天，鲎会藏进更深的水域过冬，渔民看不到鲎，就以为它们去潮州找媳妇去了。

爱情的小船立起鲎帆

五

在农历初一、十五的夜晚，鲎会上岸产卵。此时潮位最高，能把它们送到高处的沙滩。这里的沙砾比低处粗，卵产在里面疏松透气。

每当这时，据说会出现一种叫“鲎帆”的奇景：雄鲎抱紧雌鲎的后半身，雌鲎背着雄鲎在海中或游或爬，向岸上走去。《海错图》说：“雄鲎后截卷起，片片如帆叶，而且竖其尾如桅，故曰鲎帆。”你划水我扬帆，爱情的小帆船要抢滩登陆。

但今人拍摄的鲎登陆产卵的照片中，雄鲎都是老老实实趴在雌鲎背上，不会立起后半身。而且以鲎的构造，除非仰面朝天，否则很难将后半身立起来。

我怀疑“鲎帆”是大群的鲎在登陆中，一些被挤得翻身，以至剑尾朝天。或者是雄鲎在游泳时（鲎是游仰泳的）碰到雌鲎，赶忙抱住，腹部跟着一使劲，也会立起来。反正此时的情景是很混乱的。以前，鲎的数量很多。交配时成百上千只鲎涌向沙滩，壮观极了！

渔民此时抓鲎，有个秘诀：要先抓雌的，这样雄鲎就一直抱着雌鲎，一抓抓俩。闽南人受此启发，管捉奸叫“抓鲎”，现在多写为“抓猴”。

鲎卵被产在沙子里。刚孵化出的小鲎没有剑尾，十分呆萌。它会回到大海，但不会走深，在低潮位的泥质滩涂上生活八九年，然后才会进入20~30米的更深海域生活。到了13岁左右，鲎才真正成年，之后，它可以一直活到25岁，长到脸盆那么大。鲎的一生在这3种栖息地依次度过，是为了避免大鲎和小鲎抢食物、抢地盘。

在广西采访鲎的保育时，我们从保护站的养殖池抱来两只中国鲎，摆拍了一张它们求偶的场景。其实摆拍得还不太专业，雄鲎搂抱雌鲎的位置应该再靠下一些

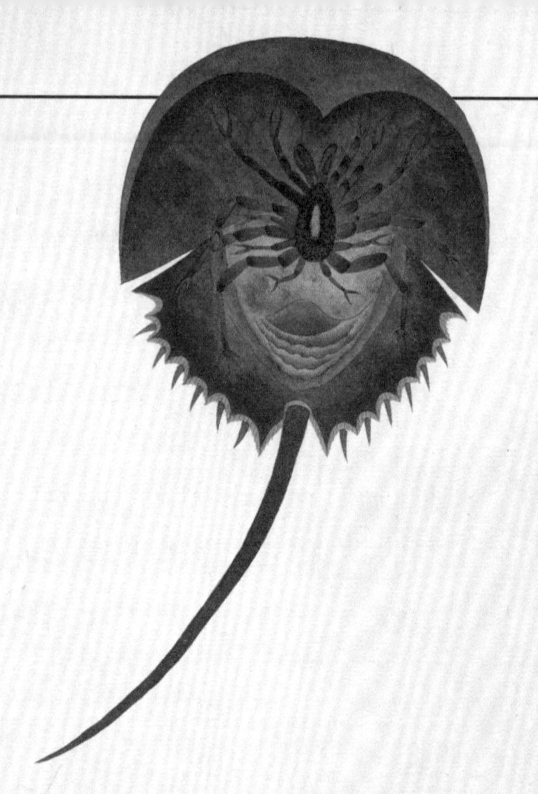

刚孵化的幼鲎剑尾还没长出来，它趴在一粒黑色木屑上，四周的卵尚未孵化

鲎的卵。《海错图》称：『子如小绿豆而黄』

中国东南沿海地区的鲎种群曾经十分繁盛。福建金门有句俗话："水头鲎，古岗臭。"意思是水头（金门岛西南角）这个地方盛产鲎，多到连3公里外的古岗都能闻到臭味。台湾基隆人甚至把集会的人群称为"鲎援会"，意思是人头攒动的壮观场面有如鲎交配的盛景。

聂璜还写了鲎的几种吃法，比如"腌藏其肉及子""血调水蒸，凝如蛋糕""尾间精白肉和椒醋生啖"。能吃的是中国鲎，圆尾鲎含有河豚毒素，不能吃。其实，就算是中国鲎，由于血液中富含铜离子，吃了也容易重金属中毒。《海错图》记载，有的人与鲎"性不相宜"，吃后"非哮即泻"，还是不吃为妙。

吃剩的鲎壳也有用。"闽中多以其壳作镬杓"，把头胸甲接上木柄，就是个超大号的锅勺。聂璜认为这个发明甚好，"铜铁作杓，非损杓即坏镬，且响声聒耳。唯此壳为杓，岁久可不损镬"。还有渔民在鲎壳上画上脸谱、虎头，挂在家中辟邪用。

美洲鲎上岸交配的盛况。由于滥捕，亚洲已经很难看到这样壮观的场景了

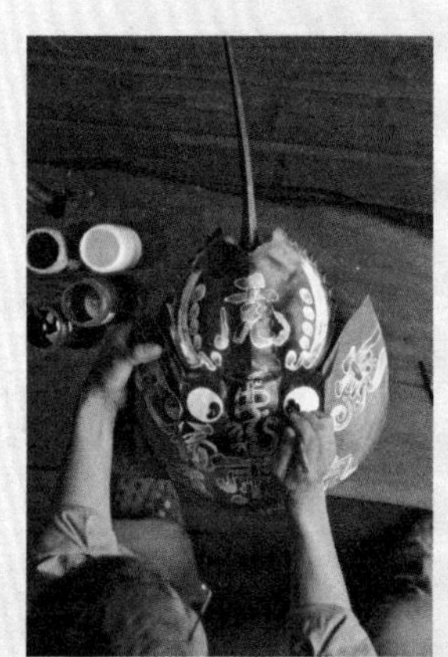

鲎壳彩绘是东南沿海地区的一种民间艺术

碧血穷途 七

《海错图》多处记载，鲎血是蓝色的。如今，人们又发现鲎血遇到细菌内毒素，就会立即凝固，使细菌不扩散到身体别处。利用这个原理，鲎血被制成了“鲎试剂”，用来检测医疗用品是否被细菌污染。这对病人来说非常重要。

2014年，我去广西北海采访过一家鲎试剂厂。据厂长介绍，现在中国仅北部湾的鲎还比较多，但短短几十年，鲎的数量呈断崖式下降。海滩上已经多年不见大批鲎集体交配的场景了，“鲎还没上岸，就半道被渔民捞走”。

厂里采血用的鲎来自临近越南的东兴地区。“渔民卖给我们100元一只。以前可便宜哦，5毛一只。”厂长说。“广西人不爱吃鲎，都拿它沤肥，后来有人用鲎制作甲壳素，每年用掉几百万只！用火车拉的！现在可少了。”在车间采血室，鲎被活着固定在架子上。工人用针插入它的心包抽血，只抽一部分。然后将它放进池子休养，最后放生。

鲎的爬行轨迹为川字形，称为『鲎道』

鲎血富含铜，在体内时是无色的，但一遇到空气就会氧化为铜离子，显现蓝色

只要按规定操作，生产鲎试剂对鲎的影响不大。要命的是栖息地的破坏和滥捕食用。虽然媒体总把鲎宣传成国家二级保护，但其实它只是省级保护动物（注：2021年2月公布的《国家重点保护野生动物名录》中已将中国鲎列为国家二级保护动物），保护力度极小。我参与过北海滩涂上的样线调查。全队一天找到了35只幼鲎。这次的数据显示，北海的野生鲎的数量比20年前减少了90%。活了几亿年的东西，20年，一眨眼就没了。

我感觉好多当地人还没有意识到这一点。他们对鲎的保护意识很弱，就算不吃，也要当成玩具来耍。有一次，一辆摩托车从我身边驶过，后座上的人双手侧平举，作“泰坦尼克”状，但两手却各拎着一只小鲎。

一次，在滩涂调查时，另一拨调查队员带来了两只活的圆尾鲎。这是一家饭馆老板养着玩的。听说我们保护鲎，就送给了我们。带队的林老师高兴地说：“这片滩涂正是圆尾鲎的栖息地，我们把它在这里放生吧。”她找了一条红树林旁的潮沟，轻轻把鲎放进水里。我们目送着它俩爬进红树林，留下两条川字形的鲎道。

林老师将圆尾鲎放生

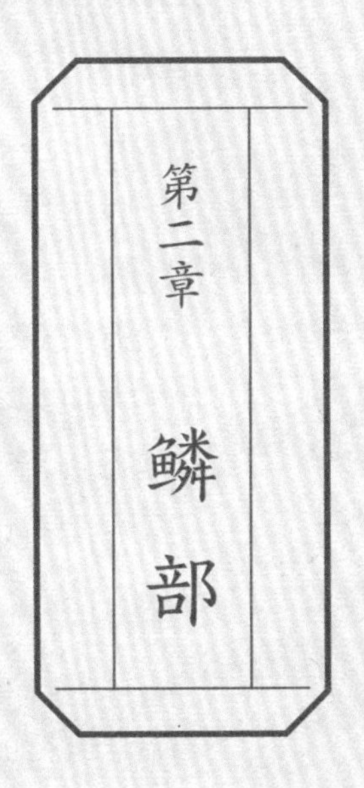
第二章
鳞部

首索之蟳無所恃但出涎沫作郭索狀魚乃以口吸螯折傷處全身之肉盡爲吮去未幾蟳斃而魚已飽矣漁人每見奇而述之人亦未信網中所得蟳虎魚其尾往往裂破不全茲足驗也嘗聞蝎牛至弱也而能制蜈蚣必先以涎落其足今蟳虎欲食蟳必先損其螯其智一也凡人之技藝必從習學而物類之智盡自天秉莊子曰以蜘蛛蛣蜣之陋而布網轉丸不求之于工匠則萬物各有能也信然矣

蟳虎魚贊

爾狀不威爾力未强
乃以虎名以柔制剛

【蟳虎】

智取蟹肉，名不副实

蟳虎，是蟳还是虎？都不是，是鱼。传说它抓蟳时凶猛如虎，所以得了这么个名字。

蟳虎魚黑綠色形如土附細鱗而濶口常游海巖石隙間或有石蟳藏於其內則以尾擊撻之蟳覺伸一螯鉗其尾此魚竭力搖尾脫其螯棄之復至其隙又以尾探蟳怒尚有一螯再伸而鉗其尾仍如前搖脫其螯抽出棄之蓋此魚之

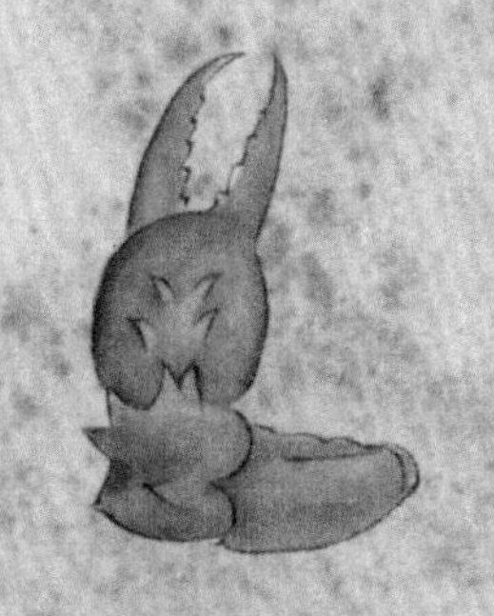

高智商捕蟹达人？（一）

中国人给动物起名时，有个习惯：如果这种动物擅长捕捉某种猎物，就叫它“某虎”。比如擅长吃苍蝇的跳蛛，就叫“蝇虎”，擅长吃蜜蜂的鸟，就叫“蜂虎”，擅长吃虾的鱼，就叫“虾虎”。那么叫“蟳虎”的鱼，自然就是擅长抓蟳吃了。

所谓“蟳”，一般指梭子蟹科的蟳蟹。它们的最后一对足变成了扁平的游泳足。这一点，在《海错图》的这幅“蟳虎捕蟳图”中画得很清楚。画中，蟹的大螯已经脱落，一条憨头憨脑的鱼正和它搏斗。

具体是怎么斗的呢？《海错图》详述了过程。

蟳虎发现石缝里的蟹后，就用尾鳍抽打它。蟹发怒，就用蟹螯夹住尾鳍。蟳虎一甩尾，蟹螯就被拽下来，甩在一边。再用尾挑衅，依样拽下另一只螯。蟳虎的尾鳍很薄，即使被夹破了也不碍事。现在，蟹没有了武器，蟳虎放心地用嘴含住蟹螯脱落后的伤口处，使劲嘬，蟹全身的肉就从这个伤口被嘬出来了。

多么思维缜密、一气呵成的捕猎！一条鱼，真的有如此的智慧吗？

中华乌塘鳢（蟳虎）的尾鳍上有一个黑色的眼斑

疑点重重

二

冷静，这个捕猎过程其实有很多不合理的地方。

第一，蟹在大螯受到强力拖拽时，会主动切断大螯来自保，但前提是外力要足够大。如果蟹夹住的是尾鳍，那这样大的甩尾力会使尾鳍瞬间破裂，从而脱离蟹螯，无法继续拖拽。要想让蟹螯一直受力，就要让它夹住一个不易碎的部位，也就是肉质的尾柄。可这样一来，鱼尾肌肉就会严重受伤，和“夹破尾巴不碍事”自相矛盾了。

第二，蟹在攻击时，都是张开双螯，突然合抱，两螯同时夹住对方，不会只用一个螯攻击，掉了再换另一个攻击。

第三，吃过螃蟹的你一定知道，螃蟹的肉、膏是分散在各种体腔和体节里的，彼此之间都有隔层分开，不可能从一个小口就吸出所有的肉。要真这么容易，我们吃螃蟹也不用那么费劲地嗑了。

这三点让蟳虎捕蟹的传说变得不可信起来。事实上，在当时很多人就不信。《海错图》中说：“渔人……奇而述之，人亦未信。”但每当这时，渔民就会拿出一条“铁证”：“网中所得蟳虎鱼，其尾往往裂破不全，兹足验也。”网捕上来的蟳虎的尾巴经常是破的，这就是它斗蟹时负的伤啊，难道不足以证明吗？

厦门市场的中华乌塘鳢，旁边招牌写的是『蟹虎』

尾巴上的眼睛（三）

还真不一定。在科学发达的今天，竟然没有科研人员观察到过这么有趣的捕食行为。这就意味着，蟳虎智取螃蟹，没准只是个煞有介事的传说。尾巴破，也许有其他原因。

我们先看看蟳虎的样子。《海错图》说它“黑绿色，形如土附”。土附就是杜父鱼、塘鳢一类的鱼。不错，蟳虎的正式中文名叫“中华乌塘鳢”，确实属于塘鳢科。

中华乌塘鳢的一大特点，就在尾巴上。它的尾鳍上有一个大黑斑，看上去就像个眼睛。在鱼类里，这种现象很常见。它的作用是把尾巴伪装成头部。天敌看到尾巴上的假眼，把这里当成头部攻击，鱼就可借机逃脱，代价仅仅是尾巴破损，不久就会长好。这就可以解释蟳虎的破尾巴了：很有可能是天敌攻击造成，而不是蟹夹破的。

而且，中华乌塘鳢长得很像另一类鱼——虾虎，但比虾虎要粗壮许多。所以人们认为：“虾虎能吃虾，它比虾虎还壮，应该能吃蟹吧！”于是顺理成章地把它命名为虾虎的升级版——蟳虎，也是有可能的。

另一方面，在海边摸蟹时，人们常发现，在很多蟹挖出的洞穴里，常常趴着一条中华乌塘鳢。其实它只是借宿了螃蟹抛弃的旧巢，但会让人误以为它把螃蟹吃掉，霸占了蟹巢。

最后一点，养蟹池子里若是混进了中华乌塘鳢，蟹苗确实会慢慢减少。因为它确实会吃小蟹，但仅限和它嘴差不多大的个体，而且只是囫囵咬碎吞下，没什么智取。真遇到大蟹，它也会躲着走的。

上面这几条线索，也许就是人们把中华乌塘鳢称为“蟳虎”的缘由了。也许在有了这个名字后，大家再想象加工，编成了一段精彩的蟳虎捕蟹故事。其中蕴含的智慧，其实是人类自己的，而不是蟳虎的。

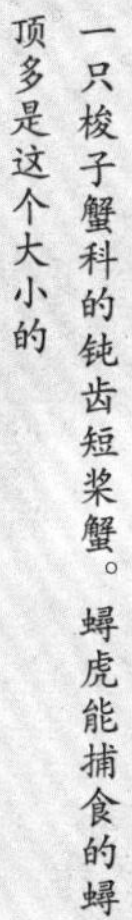

一只梭子蟹科的钝齿短桨蟹。蟳虎能捕食的蟳，顶多是这个大小的

一鱼顶三鸡

四

不管䲁虎再怎么厉害，都没人厉害。现在有很多人工养殖的䲁虎，被端上餐桌是它们的宿命。福建人认为，它的滋补效果好，号称“一鱼顶三鸡”。䲁虎个儿小，吃一条肯定不够，一般是好几条炖一锅汤，那这就是一大堆“鸡”了。

据说，喝了䲁虎汤，可以让身体更强壮，治疗小孩尿床。第一个倒是实话，吃鱼肯定对身体好。第二个就说不好了，喝了一肚子汤，夜里没准尿得更多。

厦门第八市场里的人工养殖蟳虎

蟳虎肉多刺少，清蒸来吃也是不错的

这家店把鱼扔在地上卖，其他鱼都躺着，唯有左侧的两条乌塘鳢生猛地爬行

魚褁龜甲鱗而又介
巧繪難描水族之怪

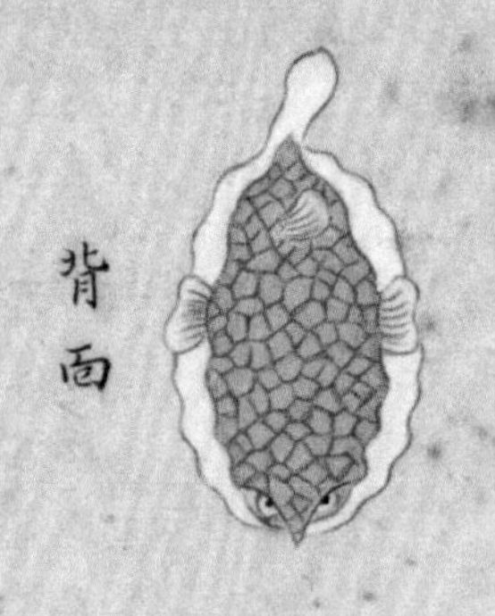
背面

前面

側面

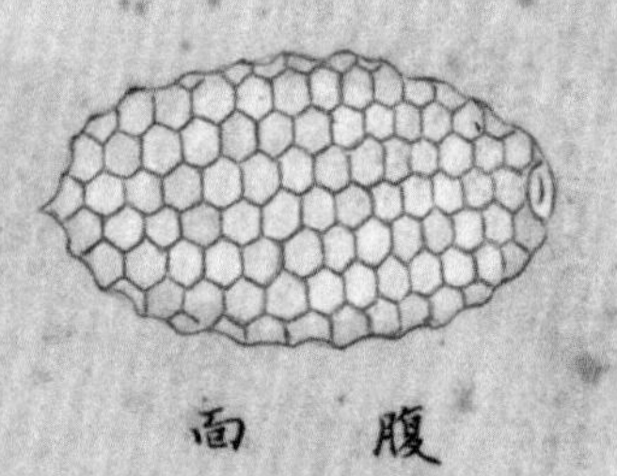
腹面

【夹甲鱼】

鱼裹龟甲，鳞而又介

夹甲鱼，这条拳头大的鱼，被聂璜用4个角度描绘，这在《海错图》中是高规格待遇了。全因这条鱼形状奇特，非这样画不可。

夾甲魚其形甚異兩板上小下大如龜殼狀其紋亦如龜紋中間又凹而藏身於內而殼仍連之兩目生於其前左右有翅後有一尾背末亦有小翅皆從殼中透出口在腹板之前而有細齒小者長不及寸雜於魚蝦之中大者僅如拳而止不堪食亦化生之異物耳其狀甚難圖今分作四面看法合而意會之可以得此魚之全形矣以其如龜故亦名龜魚海中怪

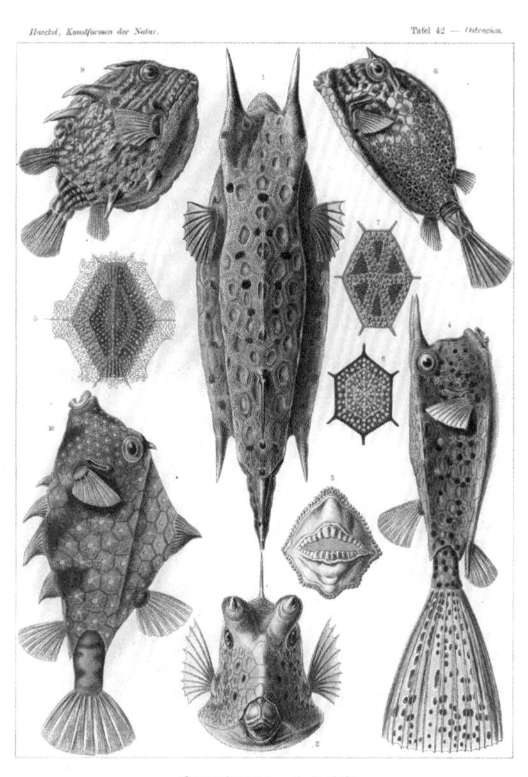

Ostraciontes. — Kofferfische.

德国博物学家恩斯特·海克尔画的这幅箱鲀，和《海错图》有异曲同工之妙。海克尔画了好几种箱鲀的好几个角度，还给它的口部和鳞片画了特写

巧绘难描，水族之怪

翻到《海错图》的这幅画，你都能想象到当年聂璜拿着这条鱼翻来覆去观察的样子。这鱼被他画了4种角度，画旁还标注着“前面、腹面、背面、侧面”。聂璜说，这么费心思画，是因为这条鱼“其形甚异……其状甚难图，今分作四面看法，合而意会之，可以得此鱼之全形矣”。说白了就是，这鱼形状太怪，必须多角度画才能展示它的结构。

什么形状呢？“两板上小下大，如龟壳状。其纹亦如龟纹。中间又凹而藏身于内，而壳仍连之。”就是说，身体像藏在了一个龟壳里，壳上的花纹也和龟壳纹一样，各种鳍和尾巴“皆从壳中透出”。这么详细的文字，加上这么多角度的图，再鉴定不出来就不合适了。答案很明显，是箱鲀。

箱中小胖 ②

箱鲀在英文里叫“boxfish”。它躯干上的鳞片加厚变硬，彼此间像龟的甲片一样拼在一起，导致身体变成箱子一样的方块。这是一身完美的铠甲，保护自己不成问题。

但身体全都硬成一个疙瘩，怎么游泳？细看可以发现，它每个鳍的基部都没有硬化，可以自由摆动。鳍就像是从箱子里捅个洞伸出来的一样，和硬壳不是一体。所以聂璜才说鳍“皆从壳中透出”。

这么一来，箱鲀的泳姿就搞笑了。身体动不了，只有鳍能动，就好比你去游泳，全身挺直如木头，只有脚趾在一个劲儿地划水，真是傻到家了。好在箱鲀只需在礁石间慢悠悠地寻找食物即可，不需要游那么快。

箱鲀的身体僵硬，鳍透明。离远了看，就像一个方块在水中定向运动

一鱼毁一缸

㊂

不少小姑娘在网上看到箱鲀嘟着嘴的样子，被萌到不行，纷纷想养。先不说在家里弄一个海水缸有多烧钱，单就箱鲀本身来说，也不是适合家庭饲养的鱼种。受惊时，它会向水中释放毒素。这毒会让天敌的鳃很难受，从而放弃捕食它。在大海中，毒素会很快稀释，但在鱼缸里，就可能把缸里的其他动物都毒死。万一鱼缸不够大的话，连箱鲀自己都会被自己毒死，太惨了。

箱鲀的嘴很小，像是鼓着腮帮子在吹哨

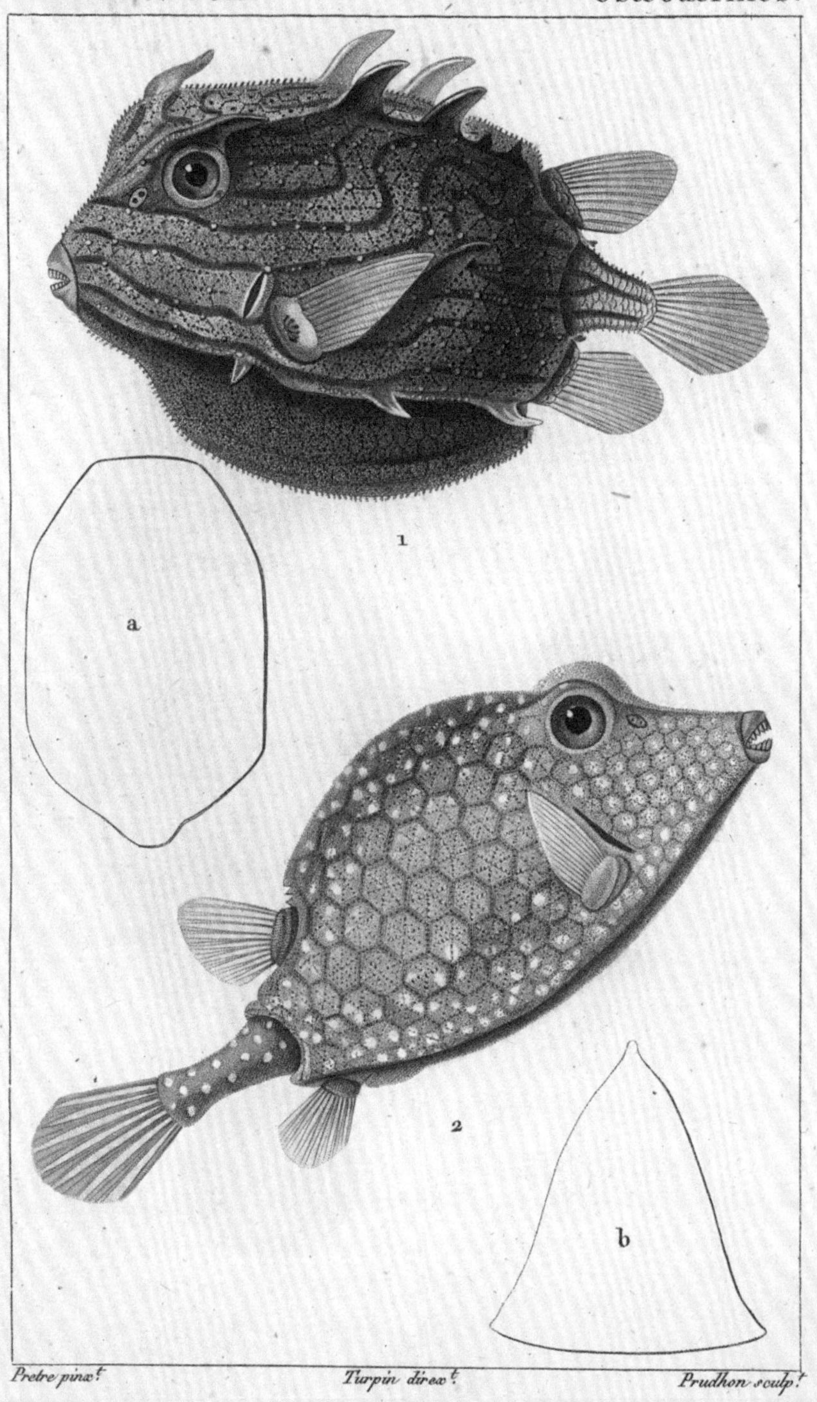
ZOOLOGIE.
ICHTHYOLOGIE.
Ostéodermes.
1
a
2
b
Pretre pinx.t
Turpin direx.t
Prudhon sculp.t

鯗但註曰同䲛及查䲛則又曰同
鱶再查鱶字則音鴹鮮曰海魚似
蝦義理雖深而世俗通用之鯗字
反誤矣予故備舉而辨之

本草謂石首乾鯗主消宿食開胃頭中
石主下石淋磨服燒灰兩可又謂野鳧
頭中有石指爲石首魚所化愚按食品
多重臘月之物以其性斂便于收藏獨
石首春仲而來其性發散而乾鯗反有
取于消食開胃妙用正在乎此知此則
知陳久之益貴也但所産之方未必重
而所重常在不産之處凡物類然頭中
石至堅也反能下石淋者何哉不知石
質雖堅而石性仍主消散或謂曷不竟
用其鯗豈不可下而必用頭中之石乎
曰此以石攻石之妙如伏苓之木可治
筋　荔枝之核可消疝腫類皆彷彿近
之至所論野鳧頭中有石即謂石首所
化不知翁魚鱟魚頭中皆有小石恐不
能盡化野鳧也

石首魚字彙一名鯼考註不解
何以爲鯼及咬是魚玩其頭骨
如冰裂紋作稜紋交差狀因悟
古人取字之意非泛然也

【石首鱼】

全家抄斩，灭门九族

《海错图》里的石首鱼，就是今天的大黄鱼。以前物美价廉的它，现在动辄几千元一条，现实的背后，是一段荒诞的故事。

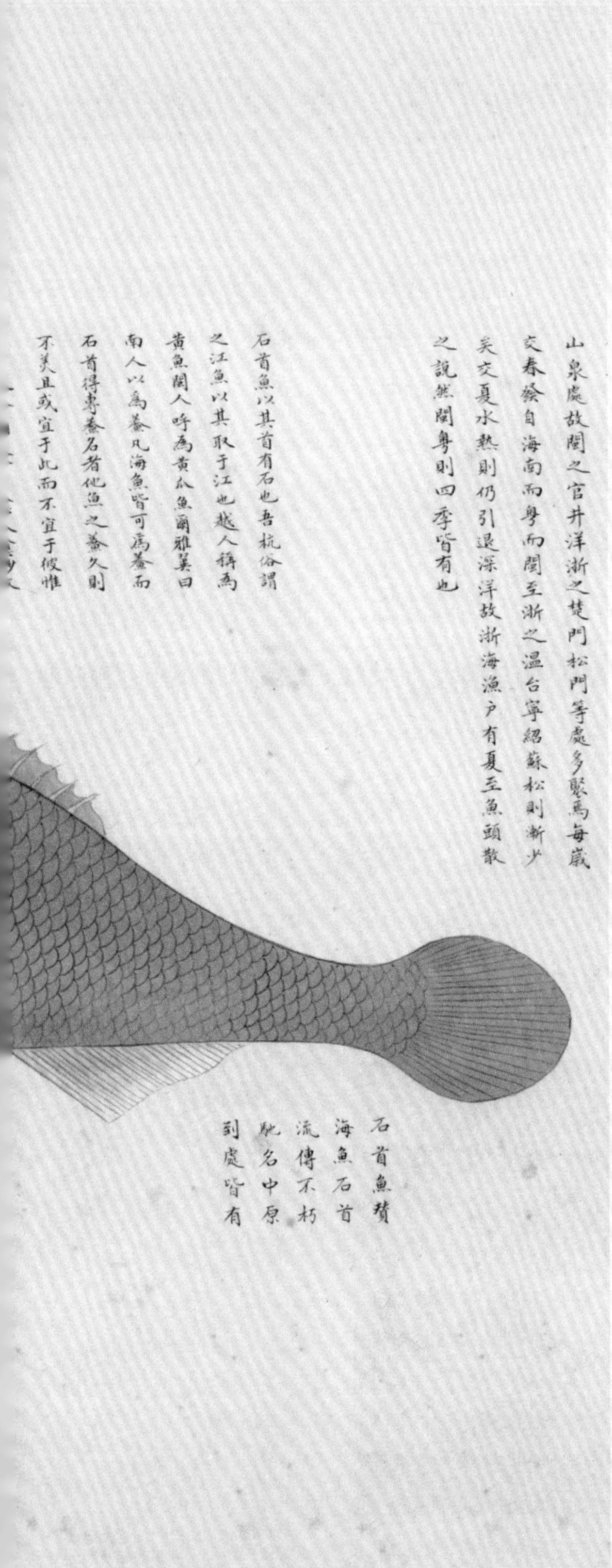

山泉處故閩之官井洋浙之楚門松門等處多聚焉每歲交春發自海南而粤而閩至浙之温台寧紹蘇松則漸少矣交夏水熱則仍引退深洋故浙海漁户有夏至魚頭散之說然閩粤則四季皆有也

石首魚以其首有石也吾杭俗謂之江魚以其取于江也越人稱為黄魚閩人呼為黄瓜魚爾雅翼曰南人以為鯗凡海魚皆可為鯗而石首得專鯗名者他魚之鯗久則不美且或宜于此而不宜于彼惟

石首魚賛

海魚石首
流傳不朽
馳名中原
到處皆有

头中有石

一

要说《海错图》里最好的一幅画，那我选这张石首鱼。一眼即知，这是照着实物写生而成，非常准确细致，而且画的是石首鱼科里最著名的大黄鱼（黄花鱼）。

“石首鱼，以其首有石也。”画旁的文字一语道出了石首鱼名字的由来。很多鱼的头部都有两块“矢耳石”，起到平衡身体的作用。石首鱼科的矢耳石特别发达，成了它们的标志。大黄鱼的矢耳石有小指甲盖大小。聂璜还特意画出了它们，并注明：“头中二石”。

20世纪70年代，福建宁德的小孩子会把大黄鱼的矢耳石收集起来，当成骰子玩。耳石有3个面，分别叫企、市、匍。每一面代表不同的点数。谁掷得大，就可以赢得对方的耳石。赢得多了，就卖给药铺，换钱买糖吃。

药铺收这个干吗？据说这矢耳石能治“石淋”，就是泌尿系统结石。聂璜对此进行了一番自问自答：“石首鱼的头中石这么硬，为什么反而能治结石？因为石性主消散。这叫以石攻石。”听着怪神乎的，具体真的假的，我也不清楚。

吃完一条大黄鱼，我找出它的矢耳石，按照《海错图》里的摆放方式给它们留了个影

大黄鱼是人人熟悉的家常海鱼

雪菜大黄鱼，宁波做法

海中名产 二

大黄鱼一直都是中国人相当爱吃的海鱼，它有一身“蒜瓣肉”，刺少味美。鲁菜的干烧黄鱼和宁波的雪菜大黄鱼都是名菜。鱼鳔制成黄鱼花胶，也是炖汤的好东西。

把大黄鱼做成鱼干，就叫黄鱼鲞（音xiǎng）。其他鱼也能做鲞，但《海错图》说：“他鱼之鲞，久则不美……惟石首之鲞，到处珍重，愈久愈妙。”于是黄鱼鲞得以成为鲞中之魁首。把鲞蒸熟下酒，或者炖肉，足以陶然自乐。

溜边产卵

（二）

《海错图》记载了大黄鱼的另一个别名“春来”，美得不像是鱼的名字。起这名是因为它的鱼汛在春天，“此鱼多聚南海深水中，水深二三十丈。石首将放子，无所依托，是以春时必游入内海，傍沿岸浅处育之，渔人俟其候捕取”。

这几句记述基本正确，但有个别错误。大黄鱼不只在南海有，黄海、东海也有。冬天时，它们会在远海越冬，到了春天就进入近海产卵，而且不是一般的近海，基本都快到岸边了。有句俗话：“这人是属黄花鱼的——溜边儿。”说的大概就是这个习性。

聂璜认为，这种在近岸产卵的行为，是为了让卵附着在海岩上，这样才不会“无所依托”。其实不然。大黄鱼的卵是漂浮性的，随海水浮沉，不会附着。选择近岸，是因为这里有淡水注入，浮游生物丰富，可以给幼鱼充足的食物。

其实聂璜也注意到了这一点。他说：“大约放子喜海滨有山泉处，故闽之官井洋，浙之楚门、松门等地多聚焉。”此言不虚，官井洋至今还是著名的大黄鱼产卵场，有白马河、霍童溪、北溪和杯溪注入，咸淡水交汇，小生物丰富。

渔民捞起人工养殖的大黄鱼。以前，这种场景是属于野生大黄鱼的

《海错图》里还有一种『黄霉鱼』。它『似石首而不大，一二寸长即有子，头大身细』，应是今天的梅童鱼。梅童鱼类似小黄鱼，但头更大更圆。据说在梅雨季节数量最多，故以『霉、梅』为名

海中有一種黃霉魚形雖似石首而不大四季皆有一二寸長即有子蓋小種也大約亦石首晚生之魚所傳種類閩人云黃霉不是黃魚種帶柳不是帶魚兒似是而非不知魚有晚生之種自成一家黃霉帶柳皆其儔也

黃霉魚贊

黃霉種類
四季相續
頭大身細
二寸即育

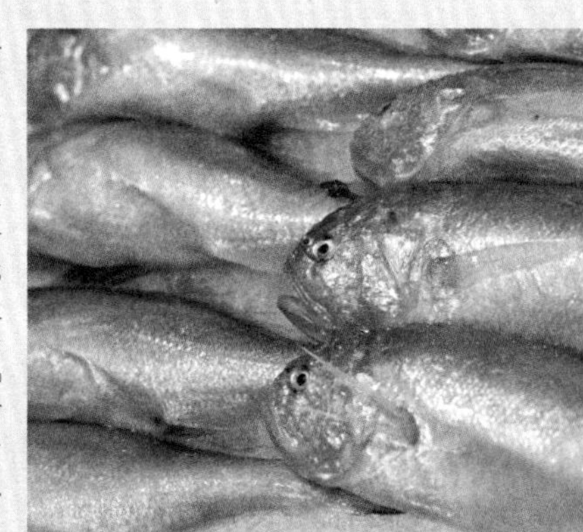

梅童鱼的脑袋很大，俗称『梅大头』

四海荡平

四

自古以来，渔民都是等大黄鱼来产卵时，用木船捞一捞。年年产量都很稳定，鱼也不受什么影响，因为鱼太多了。鱼汛来时，在岸上都能听见海中“咯咯咯”地响——那是无数大黄鱼用鱼鳔发出的求偶声。

明嘉靖年间，潮州人发明了一种“敲罟（音gǔ）”捕鱼法，就是船队围住鱼群，使劲敲击船舷上的木板。大黄鱼头内的矢耳石在巨响下共振，不论大鱼小鱼，一律被震晕浮上水面。用这种方法，渔获量会高出好几倍。

此秘法一直在小范围使用，但从1954年开始，陆续传入福建、浙江。当地渔民看到这么神奇的捕鱼术，纷纷效仿，上级领导也兴奋了，大力推广。光浙南地区的大黄鱼年产量，就从5 000吨蹿升到近10万吨，增加了20倍，其中幼鱼占70%。

学者发现这种捞法断子绝孙，赶紧呼吁禁止。但直到“文革”之后，敲罟才真正停止。这期间，捞上来的鱼太多，卖不出去，政府还号召大家买“爱国黄鱼”。幼鱼则堆起来腐烂，当作肥料。

有的渔民为了抢先，守在产卵场的入口捞。鱼还来不及产卵就被捞起，满肚子都是鱼子，本来都可以变成小鱼的。

还好，在产卵场饱受摧残后，大黄鱼能回到老窝——远海越冬场休养，那里没人干扰。但1974年，上千艘船追到了越冬场。这一年的“连锅端”成果喜人，大黄鱼产量比去年增加64.6%，成为我国渔业史上大黄鱼产量最高的一年。

之后，大黄鱼一蹶不振。20世纪50年代，人们抓到的都是长了五六年的鱼，甚至不乏快30岁的大鱼。一个成年人拎着鱼，尾巴可以擦着地。到了90年代，只有巴掌大的一岁鱼了。

这是2009年捕获的一条3.8公斤大黄鱼。据当地渔民讲，已有20多年没见过这么大的野生大黄鱼了

英雄末路

五

中国的大黄鱼有三大地理种群：南黄海—东海的岱衢族、台湾海峡—粤东的闽—粤东族、粤西的硇洲族。今天，硇洲族还有一定数量，闽—粤东族次之，而曾经最著名的"东海大黄鱼"——岱衢族大黄鱼，野生的基本没了。很多人都不信，以前家家户户吃的鱼，说没就没了？不信看看新闻，2011年，一条2斤的野生大黄鱼能卖到4000多元，这还是批发价，其稀少如此。大黄鱼已经被满门抄斩，彻底没了元气。

现在市场上倒还有很多便宜的大黄鱼，但都是养殖的。理论上，吃养殖鱼利于保护野生鱼。但经过多年近亲繁殖，养殖鱼发生了种质退化，肉质变差，生长变慢，个子变小。

今天的官井洋，也就是聂璜笔下的那个东海大黄鱼产卵场，已经密布养殖网箱。里面养着人工大黄鱼、鲍鱼、海参，就算有零星的野生大黄鱼来，也被网箱挡住，难以顺利产卵。科研人员精心培育了健壮的鱼苗，将其放回大海，期望增加野生队伍。但刚一放出，立即被渔民的定置网捞走。

各种保护大黄鱼的努力，都像泥牛入海，看不到回应。这让我想起，《海错图》里那幅《石首鱼》的画旁，还有一首《石首鱼赞》：

海鱼石首，
流传不朽。
驰名中原，
到处皆有。

2013年，浙江台州准备放流大海的人工养殖大黄鱼

捕此魚者非網非釣以一直竹其末橫穿一孔又揷小竹尖不用餌但立於海塘石上垂長竹而以橫竹穿透石隙有魚必嚙其竹乃抽而出得之甚易按今人因赤壁賦所云巨口細鱗狀似松江之鱸遂指松江斑鱸爲四腮鱸不知松江四腮鱸不但與天下之鱸異并與松江之鱸亦異賦内若據張翰所思者而引用則坡公亦未嘗真見四腮鱸也蓋張翰吳人因秋風思鱸鱠此正九月方有之四腮鱸也如係斑鱸四季皆有何必秋風哉魚不露腮露腮之魚惟此種字彙有鰓字疑於此魚立鰓名也

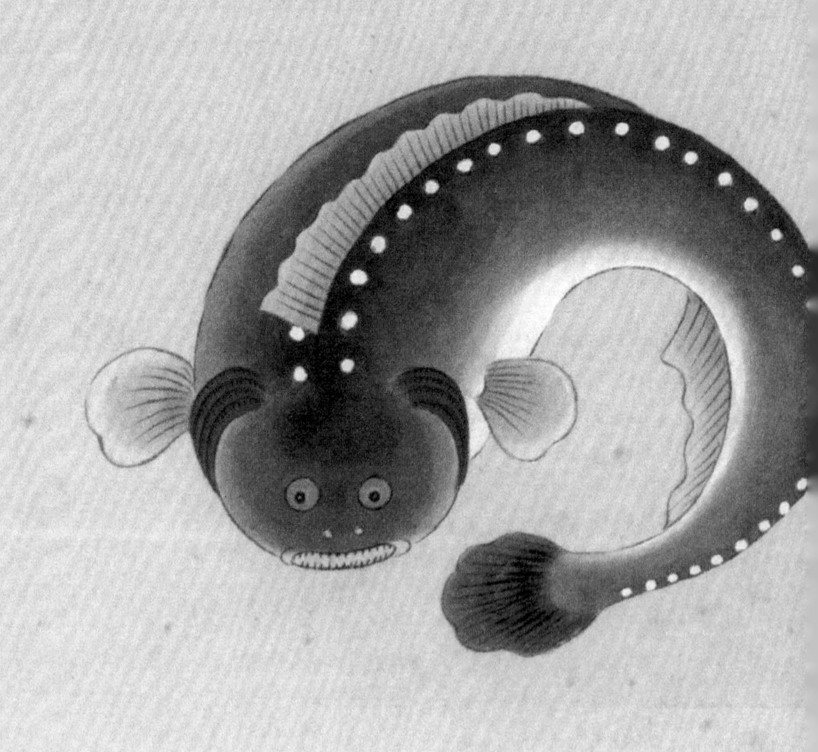

【四腮鲈】

名满天下，古今有别

四腮鲈被古人评价为顶级的美味。但是它指的是哪种鱼，一直都是一桩糊涂案。

康熙六年予客松江得食四腮鱸甚美其魚
長不過八寸哆口圓頭而細齒身無鱗背列
白點至尾腮四疊赤色露外此四腮之所得
名也其魚止一脊骨性精潔以海塘石隙為
穴雞鳴之後出穴就石啖霜故惟九月始有
不知何物所化至正二月則又變形而無其

松江鲈鳃盖上有一红色褶皱，看上去像有4个鳃

两个真鳃，两个假鳃

一

康熙六年，聂璜在松江客居，“得食四腮鲈，甚美”。据他说，这种鱼“长不过八寸（26.6厘米），哆口圆头而细齿，身无鳞，背列白点至尾”。总之是一种不大、无鳞、脑袋大、嘴大的小鱼。最重要的是，它“腮四叠，赤色露外，此四腮之所得名也”。从这几句描述可以确定，聂璜吃到的是杜父鱼科的松江鲈。

按今天的分类学命名法，松江鲈不能算鲈鱼，应该叫“某某杜父鱼”才对。但古人一直称其为鲈，科学界也就沿用古名了。它号称有4个鳃，其中两个只是鳃盖上的褶皱，不是真鳃。大部分鱼都有这褶皱，可松江鲈褶皱里的皮肤是红的，“赤色露外”，就像多出两个鳃一样，所以有了“四腮鲈”的别名。

除却松江，到处都是

二

松江，就是今天的吴淞江。它源自太湖，流经苏州、上海，汇入黄浦江。人们总是神秘兮兮地说："四腮鲈，除却松江到处无。"好像这种鱼是此地特产一样。

尴尬的是，松江鲈的分布其实广到出奇。辽宁、河北、山东、江苏、浙江、台湾、福建，全都有。每个地理群体都有自己的产卵场。更尴尬的是，中国现在最大的种群不在松江，反而在鸭绿江。最尴尬的是，连菲律宾 、日本和朝鲜半岛都有松江鲈分布。现代科学意义上的第一个松江鲈标本就是在菲律宾被采集到的。

之所以松江的种群格外著名，是因为各种典故的"加持"。早在《后汉书》里，就记载曹操宴客时，因为席上没有松江鲈鱼而遗憾。晋代炼丹家葛洪也说过："松江出好鲈，味异他处。"苏东坡、隋炀帝和范仲淹都跟它有过交集。后世文人慕名而来，导致松江成了吃松江鲈的胜地，其他地方虽然也产，但没有名气。《青州府志》记载，当地也有松江鲈，虽然"与松江同味"，可是"土人不知，呼为'豸鱼'"。

人工养殖的松江鲈

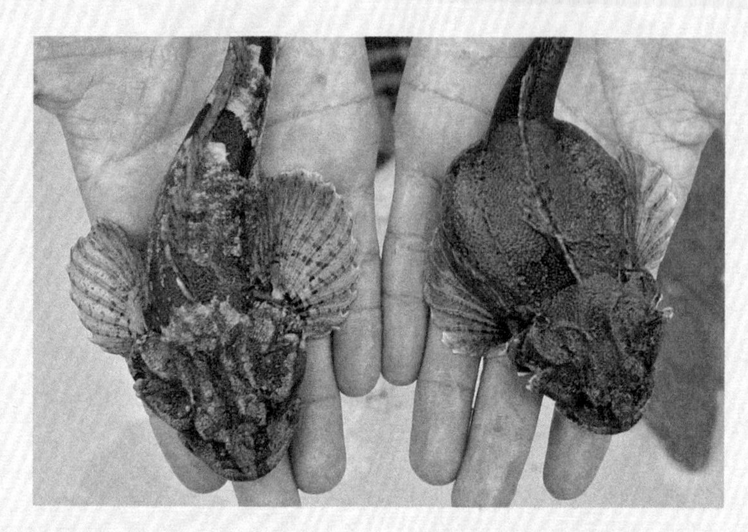

松江鲈成体只有15厘米长，身体底色为黑褐，无鳞

三 蛎中产卵，阳寿一年

《海错图》说松江鲈“惟九月始有，不知何物所化”，到了正月、二月，“则又变形而无其鱼矣”。松江鲈会突然出现、突然消失，聂璜就以为它是从别的动物变化而来，之后又变成其他动物。

这种神出鬼没是源于它的洄游习性。松江鲈虽是淡水鱼，但它的祖先来自大海。幼鱼还保留着祖先的习惯，得在海水里生长，所以产卵时还得回到海中才行。每年11月（农历九月前后），石缝中躲藏的松江鲈开始大批向海中游去，形成鱼汛，渔民会突然捕捞到很多，自然会让人产生“凭空出现”的感觉。此时正是品尝它的最佳季节。

游进大海后，松江鲈会找洞穴多的礁石产卵。比如黄海南部的蛎牙礁，就是个著名的松江鲈产卵场。这里堆积着很多牡蛎壳，雌鱼就在蛎壳之间的空穴中产卵，然后雄鱼接班，开始护卵。到农历正月、二月时，大鱼就会寿终正寝，结束自己仅仅一年的寿命。当然就给人一种“鱼突然消失”的感觉了。之后，小鱼孵化，游回河里，开始长大。

四 谁为正宗？

虽然《海错图》中画的肯定是杜父鱼科的松江鲈，但历史上的“松江鲈”真的都是这种鱼吗？

从它第一次在《后汉书》中出场就有问题。文中说它“长三尺余”，按当时的单位算，是75厘米左右。而今天的松江鲈顶多15厘米长。而且早期的记载中，都没有提到招牌的“四腮”特征。此外，苏东坡说它“巨口细鳞”，但杜父鱼科的松江鲈是无鳞的，也对不上。南宋诗人杨万里笔下的松江鲈“白质黑章三四点，细鳞巨口一双鲜”。南宋张镃说：“旧过吴淞屡买鱼，未曾专咏四腮鲈。鳞铺雪片银光细，腹点星文墨晕粗。”说的都是一种全身具有银白色鳞片，鳞片上有小黑点的鱼。但今天的松江鲈，全身褐色，怎么看都不符合条件。

以上的记载，很可能指的是另一种鱼——花鲈，也就是现在菜市场常见的“海鲈鱼”。它符合上面的各种描述：体形大，接近一米（三尺）；浑身细细的白鳞，上有小黑点；嘴比较大，和其他鱼比算是“巨口”；就连“四腮”都符合。前面说过，大部分鱼鳃盖上都有一褶皱，花鲈的这个褶虽然没有红色，但也非常明显，以至有些书（如咸丰年间《青州府志》）在花鲈的特征里也写上了“四腮”。

花鲈和松江鲈的生活也有交集。春夏季时，花鲈幼鱼会从海里游到纯淡水的河流中，入冬时回到海洋。这和松江鲈的作息时间几乎完全重叠。

所以在唐代之前的“松江之鲈”，应该是花鲈。宋代以后，吴淞江开始淤塞，环境更适合那种杜父鱼，它繁盛起来，开始和花鲈分享松江鲈之名。到现在，这个名字已经完全属于这种杜父鱼了。

花鲈会进入松江流域生活，而且符合古籍中『巨口细鳞』、『白质黑章』、『身长三尺』等描述。所以，苏轼、曹操所推崇的正宗『松江之鲈』，应该指的是花鲈

其实聂璜已经发现，真正的『松江之鲈』并不是四腮鲈，而是花鲈。他在《海错图》中画了这条花鲈（斑鲈），并指出：这种鱼才是『松江之鲈』，其他人把四腮鲈指认成松江之鲈，是『误指也』。这一认识，比大部分现代人都要清醒

五 丑鱼复兴，美味不再

近几十年来，由于环境被破坏，松江鲈数量大减，在市面上消失。现在人们经过努力，终于成功实现了人工繁育，让它重回餐桌了。

谁知，一阵推广之后，没收到什么好的反响。一方面是养殖成本高导致鱼太贵，巴掌大的一条就要人民币158元。另一个原因很让人意外：不好吃。当时，推广者专门复原了名菜“八珍鲈鱼脍”，即用8种珍贵配料和松江鲈炖成汤。大家吃后反映，鱼肉发硬，不如想象中那样鲜美。

原因可能有两个。

第一，三国至宋代被人称赞的那种鱼若是花鲈，那今天用松江鲈做菜当然文不对题。

第二，就算古代人吃的也是这种松江鲈，可人家吃的都是大个儿的。古籍中经常出现“一尺鲈”的说法，证明一尺

吴淞江的上海段被称为『苏州河』

（33厘米）左右的松江鲈才是最好吃的。这么大的鱼属于优越环境下的罕见优势个体。虽然比今天大出一半，但在松江鲈极度繁盛的时候，出现少量大型个体是合理的。

聂璜所在的康熙年间，正是松江鲈的数量的一个高峰时期，开始出现大型个体。康熙十二年，《青州府志》记载，当地的松江鲈“往时无大者，近乃有近尺者矣”。聂璜吃的也是一条八寸的鱼，接近一尺，所以他才觉得“甚美”。今天的松江鲈种群衰弱，只能长到15厘米，味道自然差得远了。

松江鲈的养殖池需要模拟河流，还要喂活虾，成本很高

厨师复原的『八珍鲈鱼脍』

鮮食未佳
差可為脯

蔡日華曰海中之魚種類既多而一種之中又分數種即土着於海鄉亦不能盡辨即如馬鮫其名有四五種而味亦優劣馬馬鮫頭水身青而有斑其後有一種曰油筒身帶青藍而無斑煮之皆油味遜馬鮫一等即白腹也又有一種鯢斑點頗大色與馬鮫同味又次於油筒馬又一種曰青鮘與鯢畧同但身長而瘦味淡不美馬鮫之末又有一種曰馬鮫梭魚身小狀如梭而頭尖味尤薄馬然則馬鮫初生者佳其後則愈趨而愈下矣

【马鲛】

南北皆有，一鱼多吃

从北到南，中国沿海居民都爱吃马鲛鱼。这种壮实的大鱼，为何如此受欢迎呢？

彙苑云馬鮫形似鱅其膚似鯧而黑斑最腥魚品之下一曰社交魚以其交社而生按此魚尾如燕翅身後小翅上八下六尾末向上又起三翅閩中謂先時產者曰馬鮫後時產者曰白腹腹下多白也琉球國善制此魚先長剖而破其脊骨稍加鹽而晒乾以炙之其味至佳番舶每販至省城以售臺灣有泥托魚形如馬鮫節骨三十六節圓正可為象棋

细碎的鱼翅

一

清朝康熙年间的一天，聂璜去菜市买来一条马鲛鱼，放在书桌上，一边端详一边画下它的样子，连尾巴上的小鱼鳍都一个一个数清楚，如实画在纸上……

这样的场景可能确实发生过。因为在聂璜绘制的《海错图》中，这幅画可算是最写实的作品之一了。对比今天马鲛鱼的照片，几乎一模一样。所以，这应该是聂璜对着真鱼写生而来的。

在这幅画旁，还有一段文字："此鱼尾如燕翅，身后小翅上八下六，尾末肉上又起三翅。"仔细看，这几枚小"鱼翅"果然清清楚楚地画在上面。

2016年春天我在宁波吃午饭时，发现餐馆里正好摆着几条马鲛，赶紧凑近看看。在脑海中和《海错图》的这幅画对比：尾鳍又长又弯，确实像燕翅，没错。尾柄侧面的肉上也确实有3个片状突起，这就是所谓的"又起三翅"了。不过我触摸之后发现，这3个突起并不是真正的鱼鳍，只是隆起的肉脊。

马鲛的背鳍和臀鳍后部分裂成许多小鳍

至于"上八下六"的小翅，有倒是有，可数量不太一致。有的鱼是上八下八，有的是上七下八……原来，这些细碎的小翅统称为"离鳍"，脊背上那排离鳍是背鳍的一部分，鱼腹部上那排是臀鳍的一部分。每条鱼的离鳍数目并不都一样，加在一起大概有14~20个。

离鳍不是长着玩的。马鲛常在海中飞速游动，而这些小鳍就相当于跑车尾部的扰流板，能让马鲛在高速运动中保持稳定。

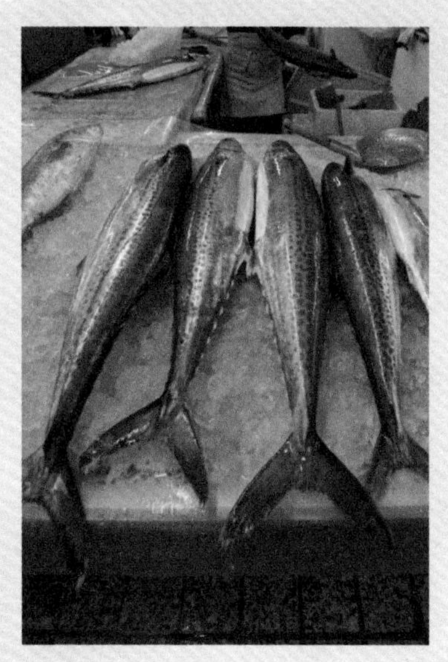

春天的丹东鱼市，躺着几条蓝点马鲛。此时它们最肥美，售价也最高

马鲛的尾柄侧面有一大两小3个脊状隆起，好似3个小鳍

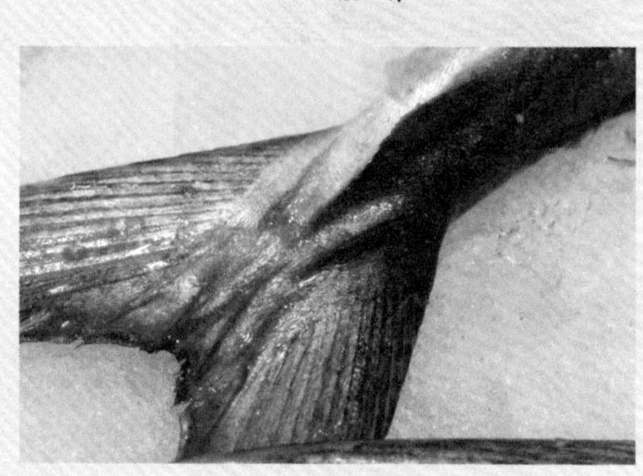

春之鱼

二

马鲛还有一个别名叫社交鱼。难道它在海里还会穿上礼服去赴晚宴吗？当然不是。《海错图》中有一个解释："以其交社而生"。什么意思？不懂。清代博物学书《蠕范》就说得很清楚了："社交鱼……逢春社而生。"春社是祭祀土地神的日子，一般在农历二月初的某天（各地日期不同），这时正是马鲛到近海产卵的时候，不但容易捕捉，而且最为肥美。清代文学家全祖望曾写道："春事刚临社日，杨花飞送鲛鱼……鲛鱼过三月，其味大劣，在社前后，则清品也。"

所以，"社交鱼"就是"在春社期间出现的鱼"。它和飞舞的杨絮、柳絮一起，成为令人心喜的春日风物之一。

日本人也把马鲛视为春天来临的象征。春天的马鲛会群集于濑户内海。拥挤的鱼群甚至会在海面上形成隆起！日本人称这种景象为鱼岛。在日语中，马鲛写作"鰆（音chūn）"，字面意思就是"春天之鱼"。今天，菜市场上，春天依然是一年中马鲛最贵的时候。

海南年货市场上的康氏马鲛，俗名『土魠鱼』。《海错图》中描述，它的每节脊椎骨『圆正可为象棋』

日本鲭又叫日本鲐、白腹鲭、油筒。日本料理店里的『青花鱼、醋青花』指的就是它的肉。这种鱼很容易变腥，需要用醋腌制

『撞脸』的兄弟们 三

《海错图》中，聂璜抱怨道："海中之鱼，种类既多。而一种之中又分数种，即土著于海琅，亦不能尽辨。即如马鲛，其名有四五种，而味亦优劣焉。"

确实如此。在生物分类系统中，马鲛指的是一个属。而这个属下又有好几种马鲛，从渤海到南海都有分布。《海错图》里的这幅画中，身上带着圆形斑点的鱼可能就是蓝点马鲛、朝鲜马鲛、斑点马鲛中的一种。不过，最有可能是蓝点马鲛，因为它是中国沿海地区最常见的马鲛。

《海错图》还记载了其他几种"马鲛"。根据描述来看，有的是马鲛，有的是马鲛的亲戚。比如"泥托鱼"，指的可能是康氏马鲛，因为在闽南语里它叫"土魠鱼"，名字相似。还有一种"青蓝而无斑"，被称为"白腹"或"油筒"的鱼，指的可能是和马鲛同属鲭科的日本鲭。在今天，它依然被称作"白腹鲭""油筒"。至于"身小，状如梭而头尖"的"马鲛梭鱼"，大概是马鲛的远亲——鲭亚目，金梭鱼科，魣属的成员。

马鲛的N种吃法

四

《海错图》对马鲛的评价非常低："最腥，鱼品之下。"这可太不客观了，要是真的这么难吃，又如何解释"山上鹧鸪獐，海里马鲛鲳""一鯃，二红鲂，三鲳，四马鲛（福建人对海鲜的排名）"这些对马鲛的溢美之词呢？腥，只是因为保鲜技术不佳。马鲛属于鲭科，这个科的鱼非常容易腐坏，捞上来后，如果不赶紧放血冷冻或腌制，会产生大量叫作组胺的物质，不但闻着腥，人吃了还会中毒，症状就像酩酊大醉一样。

但新鲜的马鲛是非常棒的海鲜。它肉极厚，刺还少，吃着过瘾。

"琉球国（注：今日本冲绳）善制此鱼，先长剖而破其脊骨，稍加盐而晒干以炙之，其味至佳。"这是《海错图》记载的做法。其实就是烤鱼干。不过，这么做有点儿糟蹋了这鱼。不如学学人家宁波象山县的"马鲛宴"，一条鱼能做出6道菜：鱼头做骨酱，鱼肉做鱼丸、鱼包肉、鱼滋面，鱼皮做熏鱼，剩下的鱼骨也能熬一锅粉丝汤，一点儿不浪费。

到了北方，蓝点马鲛被称为"鲅鱼"。青岛的女婿到了春天有一个任务：给老丈人送去刚上市的鲅鱼。有道是"鲅鱼跳，丈人笑"。要是女婿亲自下厨，丈人就更高兴了。山东人做鲅鱼有一套，熏鲅鱼、鲅鱼馅饺子、鲅鱼丸子汤、红烧鲅鱼，好鱼怎么做都香。

蒸鲅鱼配窝头

至于日本人，当然少不了把马鲛做成寿司了。不论是用生鱼肉直接捏制寿司，还是醋渍、火烤鱼皮后再做成握寿司，或者用"幽庵烧"的做法，把鱼肉用酱油和柠檬皮腌制后烤香，都能吃出和中国菜完全不同的感觉。唯一的共同点就是——好吃。

【龙头鱼】

面凶身软，浪得虚名

龙头鱼本是东南沿海地区不上台面的『杂鱼』，但近年来却越来越受到重视。这是为什么？长着『龙头』的鱼，在海中又是怎样的凶狠角色？

龍頭魚產閩海巨口無鱗而白色止一脊骨肉柔嫩多水亦名水潺蓋水沫所結而成形者也雖略似鯗狀然鯗魚有子此魚無子食此者投以沸湯即熟可啖

龍頭魚贊

爾本魚形冒以龍稱

柔滑无鳞，嫩似豆腐

一

“龙头鱼，产闽海。巨口无鳞而白色，止一脊骨，肉柔嫩多水。”《海错图》中的这两句话，可谓言简意赅地说出了龙头鱼的全部特点。这是一种在东海和南海中常见的小鱼，经常身形狼狈地出现在海鲜卖场上。

之所以会如此“狼狈”，是因为它的身体太柔嫩了。龙头鱼表皮上的鳞少得可以忽略不计，鱼肉含水量很大，鳍又特别薄，所以被捞起时很容易被别的鱼划得伤痕累累。凡是这种肉质极嫩的海物，古人一般会认为是“水沫凝成”的生物。所以《海错图》中记载，龙头鱼也叫“水澱（音diàn）”。“澱”通“淀”，意为此鱼就像水沉淀而成的一样。

龙头鱼还有多种俗称，都直指它柔若无骨的特性。广东饶平直接用称呼水母的名词“蛇（音zhà）鱼”称呼它。广州人叫它“狗吐鱼”，据说是因为此鱼几乎无骨，被爱吃骨头的狗嫌弃，即使吃了也要吐出来。还有人叫它“鼻涕鱼”“豆腐鱼”，就更直白了。

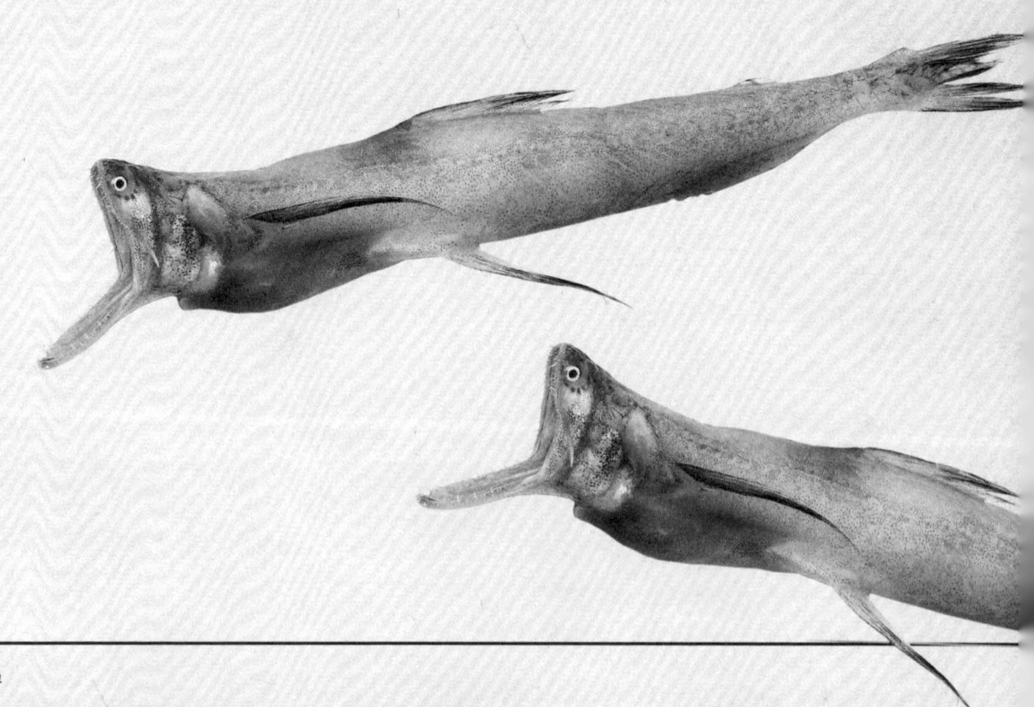

龙头鱼身体柔嫩多水，好似豆腐

龙头鱼的嘴特别大，能吞下很大的猎物

龙头巨口，嗜食同类

二

可是，这样柔弱的鱼，偏偏长了个极凶恶的脑袋：脸部的绝大部分都是嘴，嘴里密布着锋利的牙，闪着凶光的小眼睛长在鼻尖上，一副“敢挡我者必吃之”的样子。不错，龙头鱼确实是海中的“小恶霸”。曾有研究者在剖开的584条龙头鱼的肚子里发现了48种动物，有银鲳的幼体、六指马鲅、小黄鱼，还有各种虾和乌贼。这些都是人类眼中上等的海鲜。挺会吃的嘛！

可意想不到的是，在这48种动物中，数量最多的竟然是龙头鱼！在龙头鱼的食谱中，18%的食物都是自己的同类。如此严重的自相残杀行为实在令人震惊。

调查中还发现，在这些龙头鱼中，有52%的龙头鱼的胃里都是空的。这倒不是因为它们不忍杀生，而是它们的胃和肝脏太发达，所以消化能力特别强。吃进去的食物，很快就被吸收干净了。

海中无虎，猴子称王

三

清末的水利学家郭柏苍曾说，龙头鱼是“海鱼之下品，食者耻之。每斤十数文，贫人袖归”。就是说，在清代，龙头鱼是海鲜里的下等货，你要是吃了，都不好意思跟别人打招呼，只有穷人才买来用袖子兜回家吃。

可近年来，龙头鱼渐渐走进了饭馆甚至酒楼，而且越来越贵。这是为什么？

根本原因，在于中国渔业资源的衰退。以前，中国海域盛产大黄鱼、小黄鱼、带鱼等海鲜。它们的肉质鲜美肥厚，远在龙头鱼之上。居住在沿海地区的人被优质的海鲜惯坏了味蕾，谁看得上全身一汪水的龙头鱼？

可现在，经过多年的滥捕，曾经的主要捕捞鱼种已经濒临绝迹，近海面临“无鱼可捕”的境地。有时渔民出一次海，捞回来的鱼甚至还不够支付船的油费。大鱼消失了，龙头鱼这样的小角色反而有了出头之日。它们吃得多，长得快，所以迅速繁殖起来，成了渔网里的新主力。

龙头鱼能吞下和自己差不多大的猎物。我的一位朋友『狸多』，在一条龙头鱼的肚子里剖出一条完整的小带鱼

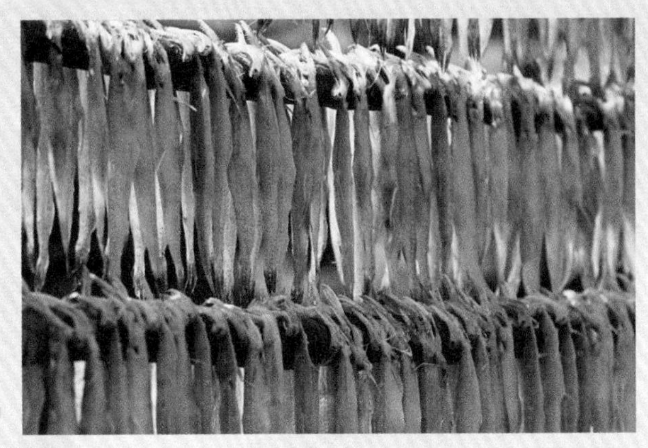

龙头鱼的干制品叫『龙头鲓（音kǎo）』。最好选择去除内脏的龙头鲓，因为它的甲醛含量比含有内脏的龙头鲓要低得多。烹调前用清水彻底浸泡，使甲醛溶于水中，再把水倒掉，这样就更安全了

四 出水即死，留神甲醛

广东海丰人称龙头鱼为“仙鱼”，而离海丰不远的汕尾人则叫它“丝丁鱼”。因此，海丰有一句俗话：“汕尾的仙鱼——死定（丝丁）。”实际上，被捞出水后，龙头鱼确实会立刻“死定”，绝无存活可能。再加上它不耐储存，因此，懂行的食客会赶早买回当日新捕的龙头鱼。回到家后，便捏住鱼头一拽，把内脏拽出来扔掉，而鱼身则用鱼露腌出多余的水分，让肉更紧致。然后，将这鱼焖咸菜、酱油水、配芹菜葱花清蒸、裹淀粉炸一炸都行。放进嘴里一抿，肉顺势脱落，吐出一根脊椎骨，省事省牙，倒也不错。

怎奈此鱼太易腐坏，有奸商用甲醛（福尔马林）浸泡后售卖，曾一度引起食客们的恐慌。有专家支招，用甲醛浸泡过的龙头鱼会发红，鱼的腹部手感硬脆。当大家刚觉得有了“辨别术”，心里踏实些时，又传出了坏消息：刚刚出水的新鲜龙头鱼里，也检验出了甲醛！

原来，虽能通过化工生产，甲醛也是一些生物的正常代谢产物，比如苹果、冬菇、鳕鱼等都会自然产生甲醛，只是含量很低。新鲜龙头鱼用清水冲洗、完全做熟后，其体内的甲醛含量已经微乎其微。只要不当饭天天吃，是没什么问题的。

閩中有錢串魚身淡青脊上作深青
色圈紋金黄内一點黑色以其圈紋
如錢而且黄故曰錢串亦名錢棚考
諸類書魚部無此魚獨福州志載及

錢串魚贊

擺擺搖搖遊出寶藏
棚一張皮賣弄錢樣

【钱串鱼】

携带巨款，化于无形

一条浑身金钱的鱼，按理应成为明星，却在古书中没有记载，这太反常了。

查无此鱼 一

鱼通常代表财富，但只是一种引申义，比如和“余”谐音、和水有关，水又生财之类的。都比较牵强。有没有一种和钱有直接关系的鱼呢?

《海错图》里确实有这样的鱼。光看名字就错不了——钱串鱼。这么称呼它是有原因的：钱串鱼浑身长着铜钱形状的花纹。《海错图》里这样描述它：“身淡青，脊上作深青色，圈纹金黄，内一点黑色，以其圈纹如钱而且黄，故曰钱串，亦名钱棚。”

名字里带“钱”，浑身长着的也是“铜钱”，那这鱼岂不是财富的最佳代言人了？一定会被人类追捧吧。奇怪的是，聂璜翻阅各种书籍后，说：“考诸类书鱼部无此鱼，独福州志载及。”

点篮子鱼的幼体

无斑箱鲀

尖吻单棘鲀

谜之花纹 二

聂璜似乎并没有亲眼见过这种鱼。他的画和文字描述也有出入：文字里描写它的黄圈花纹里有一个黑点，但画中并没有。而且画中这条鱼的外形也过于简单，像是人们印象中最基本形态的鱼，毫无特点。为什么没有特点？也许是因为他根本就没见过这种鱼，只听别人说过，所以除了体色和钱纹，也画不出其他特征。

现实中有和它长得相似的鱼吗？倒是有几种石斑鱼长着类似的斑点。不过它们的斑点要么是蓝点，要么是黄色实心点，要么它们的身体不是青色，而青色的石斑鱼身上又没有斑点……此外，点篮子鱼、无斑箱鲀、尖吻单棘鲀和帝汶海猪鱼乍一看也和它很像，细看却不能完全符合，而且它们也没有带“钱”字的俗名。这种鱼的真身，恐怕要成为悬案了。

不过，现实中还有另一种鱼勉强长得和画像沾边儿，名字也相差不远——金钱鱼。

以钱之名 ②

金钱鱼属于金钱鱼科，金钱鱼属，俗名“金鼓”。它后背很高，浑身金色，身体上点缀着大大小小的黑点，说像金钱也只能是马马虎虎了。

金钱鱼是东南沿海地区常见的市场鱼。它对环境的适应力很强，能在海里生活，也能进入河口，在淡水里生活。总体来说，金钱鱼喜欢在盐度较低的咸淡水交界处待着。

买金钱鱼时要离它的背鳍远点。它的背鳍分为两部分，后半部鳍条柔软，人畜无害；而前半部的10根鳍条特别粗硬，根根露尖，条条带毒。如果不小心被它扎一下，可是够肿一阵的。

回家打理鱼时还得留意。金钱鱼有个很大的苦胆，千万别弄破了，要不鱼肉苦得没法吃。它在台湾的俗名“变身苦鱼”可不是随便叫的。

“苦鱼”好说，“变身”又是什么？原来，金钱鱼的幼鱼色彩很鲜艳，脊梁带着橙色，侧面掺着斑马纹，有人甚至养来当观赏鱼。等长大后，它的斑马纹变成了金钱纹，少年的缤纷也随之褪去，变身成一条暗淡的、驼背的老鱼。人们对它的欲望也从观赏、呵护，转为干煎、煮汤了。

金钱鱼背鳍的前面10根鳍条有毒

入海口的咸淡水交界处是金钱鱼喜欢的地方

我在翻阅日本的古画谱《行事商品解释汇编》时，发现了这幅箱鲀的画像，图注是『⿰鱼朋鱼一种』。这个名称源自中国。⿰鱼朋鱼又写作绷鱼、棚鱼，《康熙字典》说⿰鱼朋是『形似河鲀而小，背青有斑文，无鳞，尾不岐，腹白有刺』的一种鱼，应为某种鲀类。而《海错图》中的金钱鱼，又有『钱棚』的别名，所以它的真身也可能是某种鲀

金钱鱼的幼鱼色彩很鲜艳，脊梁带着橙色，侧面掺着斑马纹

人有欲救而啣之者然亦不過二三尾而止無數十尾結貫之事浪傳之言不足信也

臺灣帶魚亦叢於冬大者濶尺許重三十餘觔康熙十九年王師平臺灣劉國顯餽福寧王總鎮大帶魚二共六十餘觔考諸類書無帶魚閩志福興漳泉福寧州並載是魚蓋閩中之海產也故浙粵皆罕有焉然閩之內海亦無有也捕此多係漳泉漁户之善水而不畏風濤者駕船出數百里外大洋深水處捕之是以禁海之候偷界採捕者無帶魚不能遠出也帶魚閩中醃浸其味薄其氣腥至江浙則乾燥而香美矣字書魚部有鱘魚即指帶魚也

帶魚贊

銀帶千圍
滿載而歸
漁翁暴富
蓬壁生輝

【带鱼】

灿然如刀，同类相残

带鱼是再寻常不过的海味，似乎没什么新奇的。但要是有人告诉你：带鱼会『立着』游泳；带鱼可以钓；钓起一条带鱼可能会带出好几条，首尾相连……是不是就有兴趣了？

帶魚畧似海鰻而薄匾全體爛然如銀魚市懸烈日下望之如入武庫刀劍森嚴精光閃爍產閩海大洋凡海魚多以春發獨帶魚以冬發至十二月初仍散矣漁人藉釣得之釣用長繩約數十丈各綴以釣約四五百植一竹於崖石間拽而張之俟魚吞餌驗其繩動則棹舡隨手舉起每一釣或兩三頭不止予昔聞帶魚遊行百十為羣皆啣其尾詢之漁人曰不然也凡一

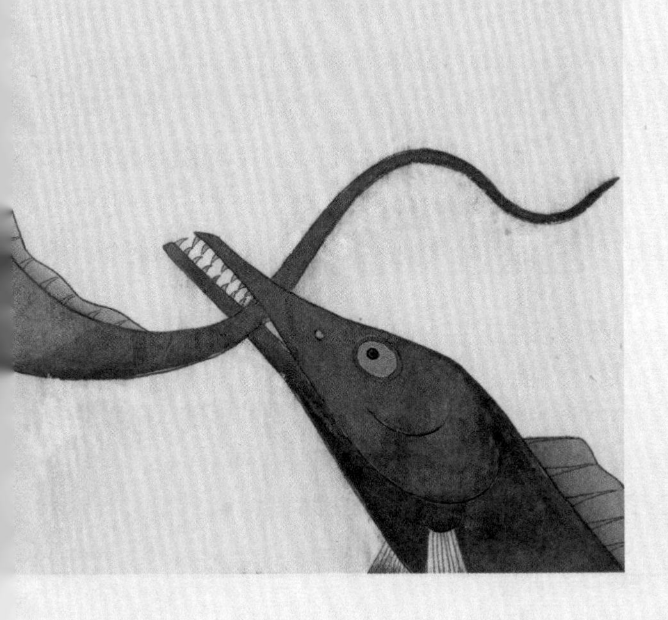

一 远看卖刀的，近看卖鱼的

内地人对带鱼的样子，应该没什么好印象——被冻得硬邦邦的，躺在菜市场的台子上，身上伤痕处处，表皮脱落，散发着轻微的腥臭。

但若去海边，看到刚打上来的新鲜带鱼，那简直能用“惊艳”来形容。整条鱼光滑无瑕，就像镀了一层银，甚至可以映出人影。清代人喜欢把新鲜带鱼悬挂起来售卖，那场景就像《海错图》中描述的：“望之如入武库，刀剑森严，精光闪烁。”正因这晃瞎人眼的造型，带鱼在日本也有“太刀鱼”的美称。

为什么市场上没有活带鱼？或许你曾听说：“因为带鱼是深海鱼，捞上岸后压力变化，会内脏破裂而死。”这个说法根深蒂固，使很多人觉得带鱼只在深海生活。

摸黑钓带鱼

二

其实，带鱼每天都要从海底到海面往返一次的。傍晚，带鱼们就从海底上浮，来到水面活动。天刚亮，它们又开始潜入海底。上浮下潜的速度很慢，这样身体就能适应水压的变化。

所以，渔民就会趁晚上和清晨，用鱼竿钓带鱼。按《海错图》和其他古书记载，是用一根长绳，上面套上竹筒，让绳子浮在海面。在长绳上用铜丝挂满上百个鱼钩（普通线容易被带鱼咬断，得用铜丝才行），把鱼竿插在石缝里，鱼一咬钩就提竿。

还有种方法是在船上钓。这就更机动了，可以追着带鱼群钓。福建钓带船一度令浙江官员颇为头疼。浙江巡抚张延登《请申海禁疏》称："闽船之为害于浙者……一曰钓带渔船，台之大陈山，昌之韭山，宁之普陀山等处出产带鱼，独闽之蒲田、福清县人善钓。每至八九月联船入钓，动经数百，蚁结蜂聚，正月方归。"

现代人的钓法更加高级，有的在线上挂个荧光棒，方便夜间观察上钩情况。有的是用船拖着饵钩前进，犹如活饵。还有的是把钓钩挂上吊坠，用长线沉入海底，钓深处的带鱼。

现在，带鱼基本都是网捕的了，但钓起来的带鱼依然受欢迎，被人们特称为"钓带"，和网捕相比，钓带的体表不会被网子划伤，而且一般大鱼才咬钩，所以卖相更好，比网捕带鱼卖得贵。

钓带虽然没有水压突变的问题，但出水后也不耐活，加上身体太长，用鱼缸养不现实，所以市面上不卖活带鱼。只有个别水族馆（如日本葛西临海水族园）养着活体带鱼，供人参观。

带鱼连连看

㊂

钓带鱼时，会发生一种神奇现象。《海错图》画的就是这个场景：一条带鱼咬钩后，另一条会咬住它的尾巴，从而被一起提出水。这不是谣传，今天人们钓带鱼时，仍能看到这种奇观。有时甚至能一次提起三四条带鱼。闽南有渔谚“白鱼相咬尾”“白鱼连尾钓”即此。

这种行为引发了人们的想象。《物鉴》等古书还添油加醋，说带鱼本来就是一个叼着一个的尾巴，排成队游泳的。只要抓到一条，就能像拽缆绳一样拉起“带鱼链”，源源不绝。等船装满了带鱼，渔人就举刀斩断鱼链，把剩下的扔回海里。

聂璜显然不相信这种夸张的描述，他问了渔民，渔民告诉他：“带鱼咬钩后，在水中挣扎。旁边的带鱼为了救它，会咬住它的尾巴拽，结果自己也被钓上来了。但是顶多两三条而已，什么几十条连成串的都是瞎传，不要信。”

在今天看来，这个渔民的“辟谣”只对了一部分。带鱼连串确实没有数十条那么夸张，但它们咬尾巴不是为了救同伴，而是同伴的挣扎引发了它们的食欲。

带鱼虽然平时结队而行，看似和睦，但其中一条有难，其他的不是去营救，而是立刻扑上去啃咬。中国水产科学研究院曾经解剖了1 202条东海带鱼的胃，发现35%的食物是其他带鱼。渔民钓带鱼时，上钩率最高的鱼饵也是带鱼肉。可见它们非常喜欢捕食同类。所以被连串钓出水，也怨不得别人了。

带鱼平时成群结队，大多数时候，它们并不像海蛇那样扭动游泳，而是直挺挺的，仅靠背鳍的波状摆动前进。图中是行进的样子，而休息时，它们会头朝上，尾朝下，「站」在水里

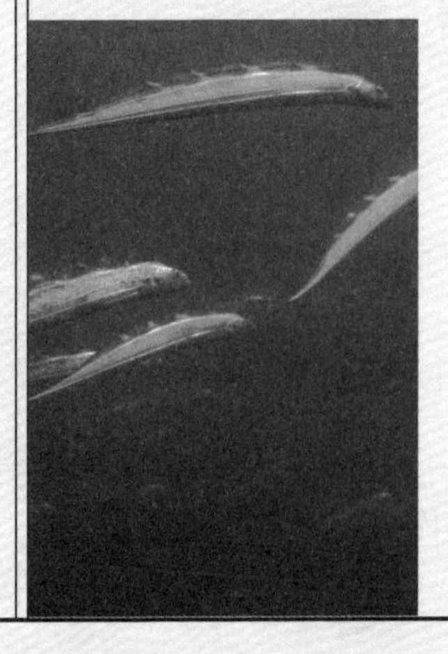

『盐烤带鱼』能激发出鱼皮的香味

宁波餐厅里即将下锅的『带鱼炖白菜』

四 清蒸带鱼？带鱼刺身？！

内陆人吃带鱼，不外乎红烧、干炸等重口味做法，这样才能掩盖它浓厚的腥味。可在浙江宁波沿海，清蒸带鱼是最受欢迎的。内陆人会觉得，清蒸带鱼，那得多腥啊！但新鲜带鱼可不腥，还有独特香味，不清蒸就糟蹋了。

你以为清蒸带鱼就够奇葩了？不，日本还有带鱼刺身！没准有人看到这4个字就想吐了。 但这几年，带鱼一跃成为日本全国喜爱的高级鱼生，鱼越大越好，因为它富含脂肪，回味甘甜。和寿司饭更是绝配，那浓郁的鲜味，被称为“顶级的味道”。

清蒸带鱼和带鱼刺身有个共同点：都崇尚不刮“鳞”，带皮吃。带鱼其实没有鳞，它的银色体表是一层薄膜，富含鸟嘌呤。这层皮营养丰富又好吃，如果嫌皮太厚，可以用火燎一下，皮下脂肪的香味就出来了。

不过，貌似康熙年间的人还没开发出这些吃法。《海错图》中只记载了一种吃法：腌。也就是“咸带鱼”，还说福建的咸带鱼又腥又没味，江浙的则“干燥而香美”。

东海霸主的衰败

五

如今带鱼家家常见，《海错图》中却说“浙、粤皆罕有，闽之内海亦无有。”其实不是没有，而是康熙年间的渔业不发达。当时人们只会钓带鱼，不会网捕，加上带鱼冬季才有大鱼汛，顶着冷风钓鱼实在辛苦，只有冬季缺粮的穷人才愿意钓带鱼。

光绪时期，人们能网捕带鱼了。到了民国，捕捞技术更发达，加上人们发现了一个带鱼大本营：浙江嵊山渔场，带鱼的捕捞量突然增加，成为中国四大渔产（大黄鱼、小黄鱼、乌贼、带鱼）之一。

建国后，桨帆船变成机帆船，苎麻渔网变成尼龙网，捕捞期从冬天变成了全年，网眼越来越小，连晚上都打着灯光捕鱼。几十年的疯狂捕捞后，人们突然发现，《海错图》中“大者30余斤”的带鱼不见了，捞上来的大都是细如皮带，甚至手指粗细的幼体，它们刚生下来不到一岁就被捕了。

现在，中国沿海依然有人钓带鱼休闲，但再难看到“带鱼连尾”的景象了。

聂璜为带鱼写了一首《带鱼赞》：『银带千围，满载而归。渔翁暴富，蓬荜生辉。』幽默地再现了清朝渔民钓带鱼的场景

浙江台州的码头，渔民正在整理的带鱼比手指粗不了多少

爾智善遯爾遯反躓
入我彀中怒目而視

跳魚生閩浙海塗性善跳故曰跳魚亦曰彈塗怒目如蛙侈口如鱧背翅如旂腹翅如棹褐色而翠斑潮退則穴處海塗捕者識其性多截竹管布插塗上類如其穴潮退以長竿擊逐盡入筒中苟竹纍南山則魚嗟竭澤矣浙中惟台州炙乾者味佳閩中四季廣市味鮮鬻而無炙乾炙乾者味薄張漢逸曰一種瘦小者名海狗無肉人不捕一種肥大而色白者名曰頰味薄不美按字彙鰷字曰魚似鱔疑即跳魚

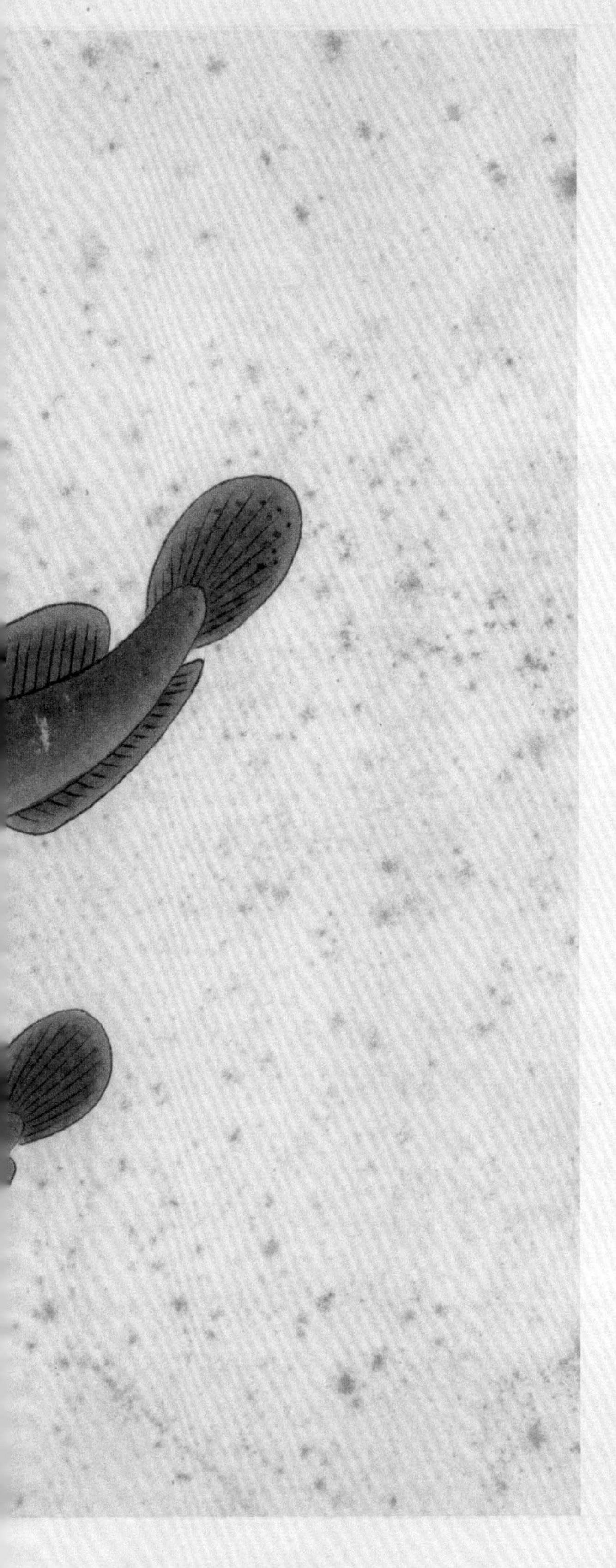

【跳鱼】

怒目如蛙，背翅如旗

跳鱼是沿海很常见的小鱼，它能上岸爬行，能在水面跳跃，还是沿海居民的一道下酒小菜。中国渔民对于捕捉这种灵活的小鱼，有一套独特的办法。

大弹涂鱼常在滩涂上跳来跳去

眼睛突出，便于观察四周情况

一 弹涂：弹跳在滩涂上

“跳鱼，生闽浙海涂。性善跳，故曰跳鱼，亦曰弹涂。”《海错图》中，聂璜开门见山地介绍了“跳鱼”，也就是今“弹涂鱼”名字的来历。这鱼确实很能跳，尾巴忽地一摆，就能把身体弹向空中。有些小型弹涂鱼，甚至会用尾鳍不断击打水面，像打水漂的石头一样贴水“飞行”。

但它最拿手的还是在陆地上跳跃。作为一条鱼，它却喜欢爬出水面，待在陆地上。每当落潮时，都能在滩涂上看到无数的弹涂鱼跳来跳去。这也是它“弹涂”一名的来历——弹跳在滩涂上的鱼。

登陆的虾虎鱼

二

弹涂鱼属于虾虎鱼科。虾虎鱼对氧气需求比较高，缺氧的话容易死掉。弹涂鱼则把这个特点发挥到了极致：既然喜欢氧气，那干脆在退潮时爬出水面呼吸。有的种类，比如大鳍弹涂鱼，甚至连涨潮时都不愿泡在水里，只要身体能保持湿润，就更愿意待在岸上。简直和青蛙一样。

虾虎鱼家族还有一个特点，就是它的左右两个腹鳍愈合，变成了一个吸盘。弹涂鱼利用这个技能将自己吸附在红树的树根，然后一点一点爬到树上。虽然不能爬很高，但也算是上树了。所以，如果要“缘木求鱼”的话，最可能抓到的应该就是弹涂鱼了。

为了适应陆地环境，弹涂鱼的胸鳍上长出了“柄”，相当于两个小胳膊，可以帮助自己在地上爬行。除此之外，它的身体还发生了各种改变，可以闻到空气中的气味，看清空气中的物体，抵抗陆地上的病菌。

虽然登陆了，但弹涂鱼仍然保持着虾虎鱼家族的一种习性：两只雄鱼相遇后，都会展开背鳍露出自己鲜艳的花纹；有的种类还会仰天张开大嘴，好像在怒吼。这是虾虎鱼家族标志性的示威行为，弹涂鱼把它从水下带到了陆地上。

弹涂鱼可以利用腹部的吸盘爬到红树上

『怒吼』的大块头

三

“怒目如蛙，侈口如鳢，背翅如旗，腹翅如棹（音zhào），褐色而翠斑。”根据《海错图》中的这段描述，可以推测，描述的是东南沿海常见的一种弹涂鱼：大弹涂鱼。大弹涂鱼可以长到20厘米长。身上零星分布的翠蓝色亮斑是它的标志。

大弹涂鱼精力旺盛，经常“对吼”，看上去特别凶猛。可它却是个吃素的家伙。仅仅靠滤食淤泥上微小的藻类，大弹涂鱼就能维持自己旺盛的精力，这让人难以置信。有趣的是，其他肉食性种类的弹涂鱼，反而比大弹涂鱼斯文得多。可一不留神，它就悄悄地抓住了一只小螃蟹，面无表情地啃起来。也许真正的猛士，都不太张扬吧。

薄氏大弹涂鱼正在『对吼』

招潮蟹经常和弹涂鱼生活在一起

薄氏大弹涂鱼舔食滩涂泥巴里的微小藻类。这是我在婆罗洲的小渔村拍到的，必须保持在烈日下一动不动，它们才会忽略我。到最后相机都烫到没法摸了

四 请君入瓮的抓鱼秘术

弹涂鱼是一道好吃的海味，所以抓它的渔民可不少。这鱼不好抓，它生活在泥滩上。人很难在泥滩上行走，刚一接近，它就立刻钻进泥洞里了。纪录片《舌尖上的中国》里记录了一种抓弹涂鱼的方法：用鱼竿把特制的鱼钩甩出，再迅速收回，就能把半路上的弹涂鱼钩住。可这种办法需要很高的技术，鱼钩又常把鱼身钩破。

这时，就要看《海错图》里的秘籍了。清代渔民观察弹涂鱼的习性，发现它们喜欢先在泥滩表面挖好洞，遇到危险就钻进去。于是，渔民便把底端封闭的竹筒插进弹涂鱼挖好的洞里，再用长竿驱赶，弹涂鱼就配合地钻进竹筒里了。然后，他们轻松地拔出竹筒，把鱼倒进鱼篓。

直到现在，生活在浙江三门、宁波的渔民还在用这种方法捕捉弹涂鱼。他们还对捕鱼方法进行了改进。首先做一条带扶手的迷你小船，叫作泥船。然后，他们一条腿跪在船尾，另一条腿蹬踏泥面，就能在滩涂上快速移动，而不会陷进泥里。泥船上装满竹筒，看到弹涂鱼的洞，他们就把竹筒插进去。对于分辨弹涂鱼和招潮蟹的洞，渔民也有办法：招潮蟹的洞，洞口有蟹爪的爪印；弹涂鱼的洞，洞口有爬行时胸鳍留下的两串小坑。

抓鱼还是养鱼？（五）

聂璜在看到热火朝天的弹涂鱼捕捉场景时，曾感叹："苟竹罄南山，则鱼嗟竭泽矣！"意思是说，如果整座山的竹子都拿来抓弹涂鱼，总有一天，弹涂鱼会被抓完的。

这句话很有预见性。今天，弹涂鱼的数量已经不如以前多了。虽然各地都有人养殖弹涂鱼，但他们的鱼苗也大多是从野外直接抓来的。这并不是一个可持续的办法。还好，人工繁殖大弹涂鱼取得了不少成果。还有人用螺旋藻饲养弹涂鱼，养殖效率大大提高了。

在婆罗洲的滩涂，我见到了亚洲最大的弹涂鱼——许氏齿弹涂鱼。照片中没有参照物，显得不大，其实它体长20多厘米，比成年人的手还长一大截。它会在滩涂上挖个小池塘，泡在里面晒太阳，只露出脑袋

做一盘好吃的跳跳鱼

六

中国有好几种弹涂鱼，但人们却独爱品尝大弹涂鱼。因为它口感好。《海错图》中记载：“一种瘦小者，名‘海狗’，无肉，人不捕。”这指的应该是弹涂鱼属、青弹涂鱼属的小型种类。又说：“一种肥大而色白者，名曰‘颊’，味薄不美。”这可能是指齿弹涂鱼属的巨型种类。而大弹涂鱼属介于二者之间，成为人类的美味佳肴。

在浙江宁波有一句话：“冬天跳鱼赛河鳗。”当地人认为冬天的弹涂鱼肉肥不腥，最好吃。在宁波的宁海县，小孩吃的第一口肉就是弹涂鱼肉。因为大人希望小孩子摔倒时，能像弹涂鱼一样昂起头，不会磕到地。

怎么做好吃呢？《海错图》里说，浙江台州的弹涂鱼做成鱼干好吃，而福建的弹涂鱼则只能吃新鲜的，做成鱼干则“味薄”。

其实，鲜鱼才不浪费它的细腻口感。可以裹上面糊炸焦后撒上椒盐食用，也可用宁波人喜欢的咸菜加酱油一起炒。最能体现其鲜味的做法，还得是先把它煎一下，再和豆腐同煮，变成一锅乳白色的跳鱼豆腐汤。不用放味精，已经鲜得掉牙了。

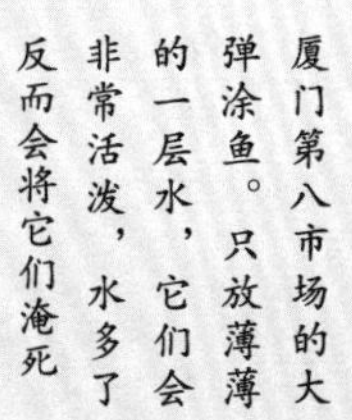

厦门第八市场的大弹涂鱼。只放薄薄的一层水，它们会非常活泼，水多了反而会将它们淹死

人魚其長如人肉黑髮黃手足眉目口鼻皆具陰陽亦與男女同惟背有翅紅色後有短尾及腁指與人稍異耳粵人柳某曾為予圖予未之信及考職方外紀則稱此魚為海人正字通作魜云即鰕魚其說與所圖無異因信而錄之此魚多產廣東大魚山老萬山海洋人得之亦能著衣飲食但不能言惟笑而已攜至大魚山沒入水去郭璞有人魚贊廣東新語云海中有大風雨時人魚乃騎大魚隨波往來見者驚怪火長有祝云毋逢海女毋見人魚

人魚贊

魚以人名手足俱全
短尾黑膚背鬣指腁

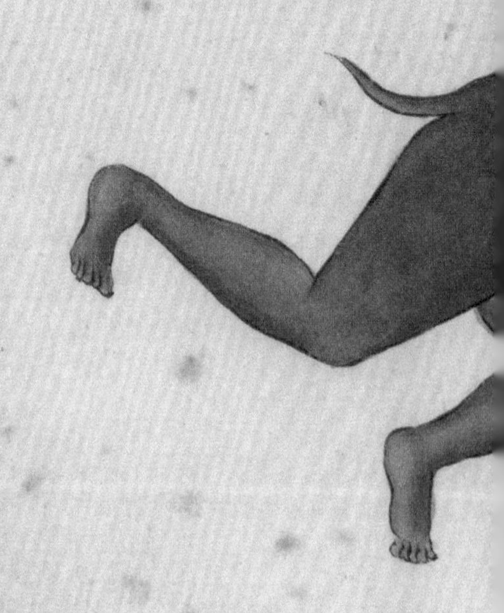

【人鱼】

鱼以人名，手足俱全

人鱼是有几千年历史的传说生物，在不同的书中有不同的形象，《海错图》里的这个应该算最丑的。

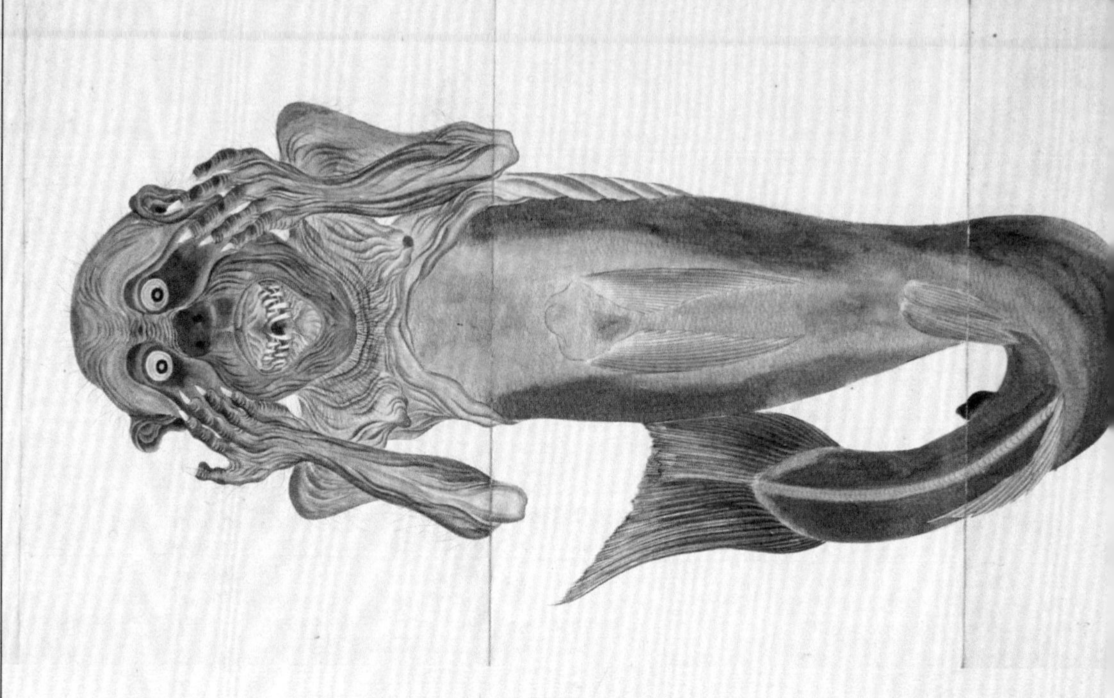

日本江户时代《梅园鱼谱》中的人鱼。这张图是照着一个所谓的『标本』绘制的。至今在一些寺庙、博物馆里还有类似的『人鱼标本』，不过它们都是18~19世纪的日本工匠用猴子、鱼等动物拼接成的假标本，有些供奉在寺庙神社，有些卖给正在全球收集生物标本的西方人

秃头海怪

一

一个姓柳的广东人，曾经给聂璜画过一种生物："人鱼"。但聂璜不相信有这玩意儿，因为它太怪了："其长如人，肉黑发黄，手足、眉目、口鼻皆具，阴阳亦与男女同。惟背有翅，红色，后有短尾及骿指，与人稍异耳。"

后来聂璜看到《职方外纪》和《正字通》都记载了这种生物，才把它画在《海错图》中。看这图，也不怪他当初不信：就是一个后背长鳍的秃顶中年男子。

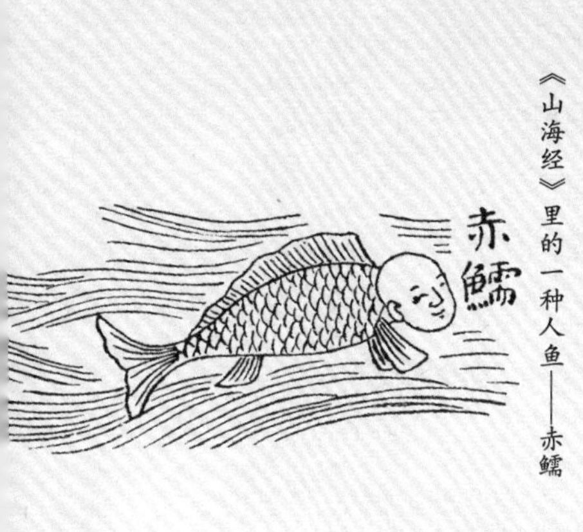

《山海经》里的一种人鱼——赤鱬

海牛幼崽在吃奶。儒艮的哺乳行为和这差不多。雌儒艮并不需要抱着孩子露出水面来喂奶

人鱼是历史非常悠久的传说生物。先秦的《山海经》里就多次出现："赤鱬，其状如鱼而人面，其音如鸳鸯""人鱼，四足，其音如婴儿"。有人据此推测，早期的人鱼指的是大鲵（娃娃鱼）。

晋代的《博物志》又记载了鲛人，说它能纺织。那么就应该有人手了，但身体还是鱼形。

宋代《徂异记》里的"人鱼"就更像人了："沙中有一妇人，红裳双袒，髻发纷乱，肘后微有红鬣……此人鱼也。"在《海错图》中，人鱼背上的红鳍也许就是"红鬣"的变化。

从鱼到人 ②

总体来看，人鱼的形象流变，是从鱼越来越像人。到了《海错图》这里，连鱼尾都快消失了。这种神话生物，现实中实在没有严格对应的原型。人们创造出这样的形象，更多是"深海恐惧"的体现，或是为了借物喻人，表达情感，就像《聊斋》里的狐仙故事一样。

消失的微笑 三

今天，人们总说：“人鱼其实就是儒艮！”但似乎没有像样的证据。儒艮是海牛目的一种哺乳动物。据说它会把幼崽抱在怀里，露出海面喂奶，头上还顶着海草，看着像女人一样。其实这也只是传说，目前没人拍到过，可信度不高。儒艮喝奶是在水下喝，母亲的乳头在腋下，小崽含住直接喝就行，不用妈妈抱着，也不用露出水面。

不过儒艮确实是中国的海兽里最像人的了。它的鳍肢像人的胳膊，面部像微笑的胖子。《海错图》说，有人在广东海面抓到过人鱼，养在池中，“不能言，唯笑而已”，不禁让人想起儒艮。

儒艮生活在印度洋、西太平洋热带及亚热带的海域中，澳大利亚最多，有85 000多头。中国是它分布的北界，只在海南、广西、广东和台湾有零星分布。那里部分区域的海底长满海草，正是儒艮的食物。

20世纪50年代，儒艮还不算太罕见。1958年12月23日至1959年1月3日期间，海南岛北部的澄迈县共捕获儒艮23头。

广西合浦也是儒艮出没的热点地区，中华人民共和国成立前，当地渔民视儒艮为神异，不敢捕捉。1958年以后，开始大肆围捕。1958~1962年，竟捕获了110头之多。1975~1976年又捕获28头。每次发现记录都是捕捉记录，当时的人也不知怎么了，看到儒艮就一定要把它抓住，好像不抓就吃了亏一样。

上为儒艮，下为海牛。它们同属海牛目，但分属儒艮科和海牛科。儒艮的尾鳍是月牙形，海牛尾鳍为圆形

1992年，人们终于醒悟过来，在合浦建立了儒艮国家级

在台湾垦丁拍到的海草。海草床是和珊瑚礁、红树林并列的重要海洋生态系统，能养活无数的生命。儒艮就爱吃这些海草

自然保护区，但是晚了。之后儒艮只以个位数出现。1996年和1997年，各有一头儒艮被渔民非法炸死。1997年，3头儒艮从铁山港3号灯标向营盘方向游去。2000年，沙尾村渔民发现3头儒艮，有一头搁浅被解救送回大海。2002年，沙田村渔民发现5头儒艮在距船七八米处浮起。

2014年，我来到合浦保护区采访。海边的大广告牌上印着海草、儒艮、中华白海豚、文昌鱼和中国鲎的照片，告诉当地人这些生物都需要保护。

我问队里的专家："现在还有儒艮吗？"专家说："没了好久了。现在我们在保护海草，希望儒艮来吃，但是人家不来了。"

儒艮总是笑呵呵的

儒艮像推土机一样吃海草，旁边的鱼伺机捕捉惊起的小猎物

海鱔色大赤而無鱗全體皆油不堪食
乾而鹽之懸以充玩而已大者粗如臂
長數尺亦赤張漢逸曰大者名油龍亦
有嗜食者云亦肥美字彙魚部有鮹字
註稱海魚形似鞭鞘更有鯾字宜合稱
之為鯾鮹則海鱔之狀確似也

【海鳝】

似鳝非鳝，珊瑚之鞭

这种红色的大鱼，我们偶尔可以在海鲜市场上见到。由于长相奇怪，它还经常被新闻报道。其实，《海错图》早就记载了这种鱼。

英国人约翰·里夫斯（John Reeves）是东印度公司的茶叶督察员，也担任着为英国搜集各地生物的任务。他在19世纪初来到中国，雇了几位广州画工，绘制了不少中国生物的肖像。这些画工本来擅长中式花鸟画，但里夫斯要求他们必须遵守『科学式的精确』：描摹真正的标本，不进行艺术夸张，一幅画必须一人完成。经过指导，这些无名无姓的中国清朝画工，画出了不亚于西方水平的科学博物画。这张『马鞭鱼』就是其中一幅，和聂璜的『海鳝』是同一种生物，但比聂璜的画要精美百倍

一 中看不中用？

翻阅《海错图》时，这条鱼经常会让我多看两眼。它又怪又可爱，全身通红，身体像蛇，脑袋像仙鹤，有长长的吻部，但嘴只是尖端的一个小开口。

再看看旁边的注解：“海鳝，色大赤而无鳞。”哦，原来这鱼叫“海鳝”。它全身的红色非常诱人，甚至被形容为“珊瑚做的鞭子”。这么好看，一定很好吃吧！

可再看后一句：“全体皆油，不堪食。”意思是，这种鱼的肉富含油脂，很难吃。可捞都捞上来了，扔了又可惜，于是，清代的渔民将其“干而盘之，悬以充玩”，就是把鱼盘成圆圈状，晒干了，挂起来看着玩——那时渔民的业余生活实在太乏味了，这有什么好玩的……

海中烟管

㊁

今天，我们依然能在东南沿海的菜市场见到这种鱼，而且随着运输的发展，还偶尔能在北方市场见到。但当地居民看着害怕，不敢买。它科学上的正式中文名不叫“海鳝”，而是“鳞烟管鱼”。

鳞烟管鱼，属于烟管鱼科，算是海马的亲戚。烟管鱼科的成员全都长得像旱烟袋的烟管，就连在海里游动时，也像烟管一样直挺挺的，而不是像鳝鱼一样扭来扭去。所以称它为“烟管鱼”比“海鳝”更加形象。

中国有几种烟管鱼，只有“鳞烟管鱼”全身呈红色。所以，我们可以确定，《海错图》里画的就是鳞烟管鱼。

虽然名字里带了个“鳞”字，但确如《海错图》所说，鳞烟管鱼全身几乎无鳞，只在某些个别的位置生有鳞片。

一群烟管鱼在海底搜寻食物

偷袭小鱼，锯尾伤人 ㊂

鳞烟管鱼生活在中国南方的温暖水域。每年3~11月都是它们的活跃期，特别是9~10月的每天上午，更是它们活跃的高峰时期。此时，如果你站在海边的礁石上，就能看到水中游动的一群群小鱼，它们的身后跟着一个像幽灵一样的“大烟管”。那就是伺机偷袭的鳞烟管鱼。当鳞烟管鱼的尖嘴接近小鱼时，就会突然张开，形成强大的吸力。细细的口腔便把小鱼吸进肚里。

除了尖嘴，鳞烟管鱼还有一个细尾尖。这个细尾尖有什么特殊的作用吗？当然。但只在非常时刻才会用到。鳞烟管鱼的细尾上有很多小锯齿。如果被人钓起来，鱼在挣扎时，这些小锯齿就会将人割伤。所以，钓到鳞烟管鱼后，钓鱼者会一边握住它的长嘴，一边踩住它的尾巴，然后把尾巴剪断，以免伤人。

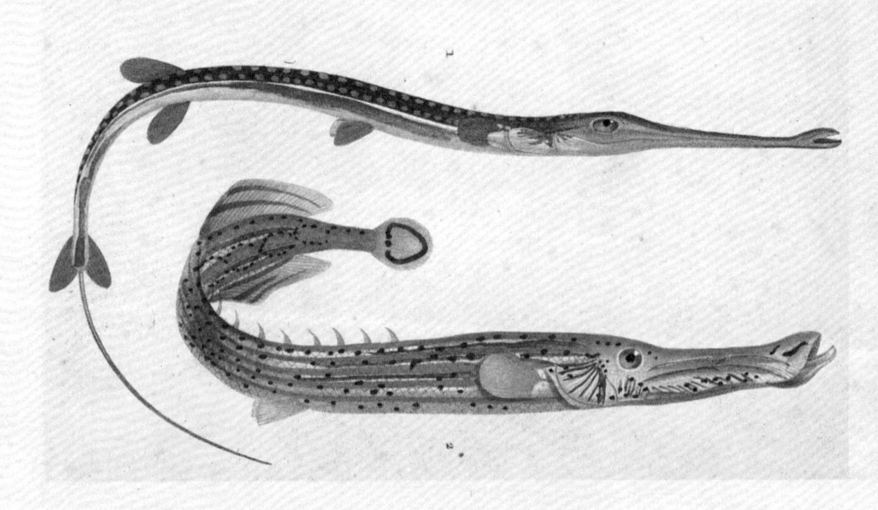

这幅西方科学手绘画了两条外形相似、亲缘关系也相近的鱼。上边是烟管鱼科的鱼，下边是管口鱼科的鱼。管口鱼比烟管鱼更粗壮，尾鳍也不一样

为了拍到鳞烟管鱼的照片，我在东京旅游时特意去了筑地海鲜市场。转了一早上，最后幸运地看到了一条碎冰里的鳞烟管鱼。估计它的归宿是被做成刺身

四 到底好不好吃？

前面说过，《海错图》记载鳞烟管鱼“不堪食”。可后面几句又写道，这种鱼能长到粗如臂、长数尺。这类大个儿的有个专门的名字叫“油龙”，有人专爱吃它，说很肥美。

鳞烟管鱼确实能长到两米左右。看来，大鱼确实要更好吃一些。其实，虽然《海错图》中经常描述某种鱼油大、难吃，但人们现在的口味已经发生了变化，反而觉得油大更香。如今，中国人会把鳞烟管鱼切段，煲汤、红烧或者酱油水。在日本，更时兴把最新鲜的鳞烟管鱼做成刺身，因为它的白肉部分没有腥味，还有丝丝甜味，入口软硬适中。

但是，大部分人还是凭直觉认为，这种鱼没啥可吃的。因为体长的一半都是嘴巴和尾巴，能吃的躯干又那么细。不能这么想。要想快乐，不能往上比，得往下比。跟那肥鱼比，鳞烟管鱼肯定瘦。但跟它皮包骨的亲戚——海龙和海马一比，它就得算肉大身沉了。

海蛇生外海大洋形如蛇而無鱗甲如鰻體狀其斑則紅黑青黃不等至冬春雨後晴明多緣海崖受日色遇人見則躍入海澎湖臺灣海中甚多臺灣民番皆食之然其狀不及見康熙己卯張漢逸姊丈金華香室有乾海蛇二條云為琉球人所贈可為治瘋之藥其蛇頭圓而有鱗紋一如蛇狀柰皮朊不知其色海人語以斑點色因為圖之臺灣海蛇另是一種也

海蛇贊

古昔龍蛇驅放之沮
至今海表尚存其餘

【海蛇】

流泛大海，深藏不露

海蛇并不常见，甚至连它的传说都很少。在大海中生活的蛇，画风是怎样的？兴风作浪，横行霸道，还是懒散闲适呢？

到底有没有鳞？ 一

陆地上有蛇，这个谁都知道。河湖里有水蛇，见过的人也不少。但说到海蛇，恐怕大家就比较陌生了。虽然从渤海到南海的海域都有海蛇，但它长什么样，很多人都不清楚。

比如，聂璜在介绍海蛇时就出现了前后矛盾的情况。先是有人告诉他，海蛇“形如蛇而无鳞甲”；后来在朋友家里看到两条海蛇干，他又发现它们“有鳞纹，一如蛇状”。那么，海蛇到底有没有鳞？

当然还得眼见为实了。和我们平时见到的蛇一样，海蛇也是有鳞的。不过它身上有一个地方的鳞倒是比别的蛇小很多——腹鳞。陆生蛇类依靠宽大的腹鳞来爬行，但海蛇天天游泳，不用爬行，所以很多种类的腹鳞都变小了。

大部分海蛇拥有「斑马色」的配色

三 体色斑驳 尾如船桨

海蛇是什么颜色的呢？有人告诉聂璜，“其斑则红黑青黄不等”。他亲眼所见的那两条海蛇干“皮脱不知其色”，只能从渔民的描述中得知为“斑点色”。于是，聂璜给《海错图》中的这条海蛇画上了模糊的灰色花纹。

别说，还真让他蒙着了——真有这种配色的海蛇。生活在中国海域的棘鳞海蛇、龟头海蛇、平颌海蛇和海蝰都与这张图上所画的海蛇长得挺像。不过，最多见的还是“斑马色”的海蛇：一条深色花纹、一条浅色花纹、一条深色花纹、一条浅色花纹……

海蛇还有一个特点，聂璜抓得很准确——“其蛇头圆”。几乎所有海蛇的头都是圆乎乎的，而且脖子和头一样粗，“蠢”而可爱。只有一种“长吻海蛇”，嘴很窄长，体色也不是斑马色，而是全身黄色，背脊有一条黑带，画风完全不同。它是一种“开挂”的海蛇，不满足于沿岸海域，从印度洋到太平洋，到处都能见到它的身影。战斗力这么强，画风独特些也可以理解。

聂璜虽然画对了蛇头，但尾巴画错了。真正的海蛇没有像《海错图》中这样的尖尾巴，而是像船桨一样的扁尾巴。虽然尖尾巴也能游泳，但在波涛汹涌的大海，那样可是要累死的。在这里，扁尾才是王道。

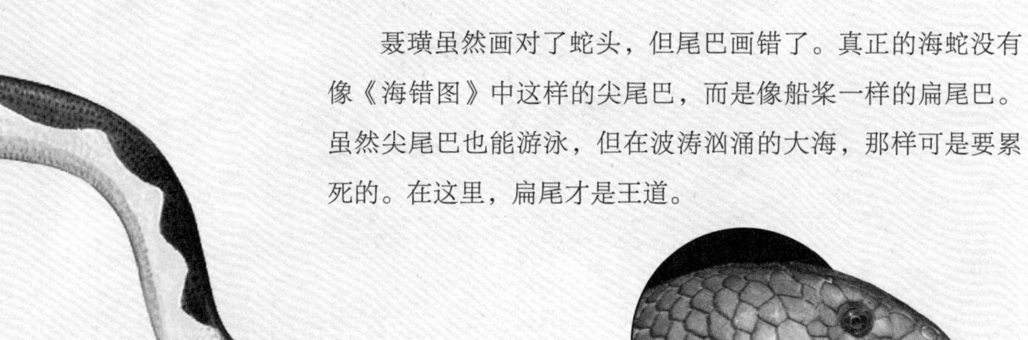

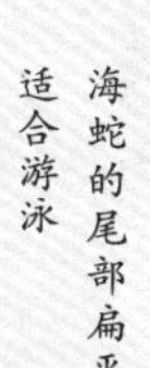

海蛇的尾部扁平，适合游泳

海蛇的头又短又圆

小心地『晒暖儿』

《海错图》中描述："海蛇，生外海大洋。"这话不全面。海蛇家族有两个亚科。其中，海蛇亚科大多喜欢生活在"外海大洋"，几乎和鱼一样一生都泡在水里，连生崽都采用卵胎生，直接在海里生出小蛇。小蛇刚生下来就会游泳。而扁尾海蛇亚科的成员还没有完全脱离陆地环境，依然要在陆地上产卵，所以喜欢在近海区域活动。

作为变温动物，海蛇需要经常晒太阳来保持活力。所以它会爬上岸边礁石或者海中的漂浮物，进行日光浴。看到有人过来，它就赶紧逃回海里。这就是《海错图》中描述的："至冬春雨后晴明，多缘海崖受日色，遇人见则跃入海。"

海蛇这么胆小是有原因的。前面说过，很多海蛇的腹鳞退化，所以在陆地上行动非常笨拙，简直像瘫痪了一样。不及时逃回海，就不得不任人宰割了。

扁尾海蛇没有完全脱离陆地，经常登陆产卵、晒太阳

在海中生龙活虎的长吻海蛇，上岸后却行动缓慢

这是一种曾经被认为灭绝的海蛇。科学家最近又拍到了它们在海面求偶的照片

四 浮沉各有深意

海蛇有两种运动模式：浮在海面和潜入海底。

先来说一说“潜入海底”吧。说是“海底”，其实也不深，一般是浅海的海底。海蛇常在珊瑚、石块、海草间游走，寻找食物。不想吃东西时，它也经常待在海底，因为海面浪大，容易颠散架了，而海底水流就平缓多了。

然后再说“浮在海面”。风平浪静的时候，海蛇就浮上水面晒太阳。对于长吻海蛇来说，还能顺便抓鱼。竹荚鱼会把蛇当成漂浮的海草、树枝，躲在下面遮阳。长吻海蛇只要趁机偷吃几条游到嘴边的就行了。

另外，交配时海蛇也会浮在海面上。有人曾在东南亚海域见过成千上万条漂浮在海面上的海蛇。它们形成一条看不到头的“海蛇带”，里面全都是热恋的“情侣”。

五 爱吃顺溜儿的？

每种海蛇在食物选择上都有自己的偏好。比如前面提到过的长吻海蛇就爱吃竹荚鱼。还有好几种海蛇似乎特爱吃身体细长的鱼，比如中国沿海地区常见的青环海蛇。人们解剖它的胃，发现里边全是蛇鳗、尖吻鳗、裸胸鳝，都是身体细长的鱼。

其实这样很明智。对蛇来说，细长的食物可以完美地把肚子填满，又不会有突起把身体撑得奇形怪状，吞下去的过程也顺溜儿，就像吸一根大粗面条，一根儿，就饱了。

大部分海蛇非常温顺，不会攻击人类

长吻海蛇的腹鳞退化变小

陆地上生活的环颈蛇的腹鳞比较大

所有的海蛇都属于眼镜蛇科，不但毒性大，甚至有些比陆地上的眼镜蛇还毒。可是，去渔船上看看，你就会发现，渔民在捞起海蛇时，根本不在乎它的剧毒。他们将海蛇随手抓起，然后顺手扔到一边。而海蛇也毫无攻击人的意思，一副“状况外”的样子。

原来，一方面是海蛇出水后，活动能力下降；另一方面是海蛇确实温顺，不惹急了不咬人。有文献记载，活取蛇毒时，其他蛇刚被捏住脖子，就暴躁地张嘴乱咬，释放毒液，而海蛇则非得被踩上一脚才肯放毒。

但它的好脾气却给自己带来了麻烦。中国海南和泰国等地方有人大量捕捉海蛇，每年能抓近100吨！蛇毒被用来制药，蛇肉则送去餐馆售卖。虽然中国的海蛇都属于“三有保护动物”（国家保护的有重要生态、科学、社会价值的陆生野生动物），但实际上，并没有太多人关心它们的死活。

曾经，在傍晚时分，会有成片的海蛇聚集在南海海面畅游。渔民将这种现象称为“海蛇走亲戚”。现在，“亲戚们”都被抓走了，这样的景象也很难看到了。

六

不想咬人的毒蛇是好毒蛇

矯飾也今鱷體有生成赤光儼類龍種但其性悪戾特龍種之悪者耳其所生種類亦必不善海中有鈎蛇其尾有鈎魟魚尾如蠍而有毒鮫鯊之大者能吞人吞舟𣳾之珠璣藪之說寧皆非鱷之餘孽乎此予所以於魟魚鯊魚之上而必以鱷統之也張漢逸曰存翁著此圖考於古者既稽之芸簡訪於今者又詢於芻蕘故每能以其所已知者推及其所不及知者如鱷身光焰群書不載不經目擊者取證何由詳悉如此予曰一人之耳目有限千百人之聞見無窮蜥蜴之狀掉尾之說吞人畜之事憑乎人之所言更合乎書之所記信乎不謬

鱷魚贊

鱷以文傳其狀難見
遠訪安南披圖足驗

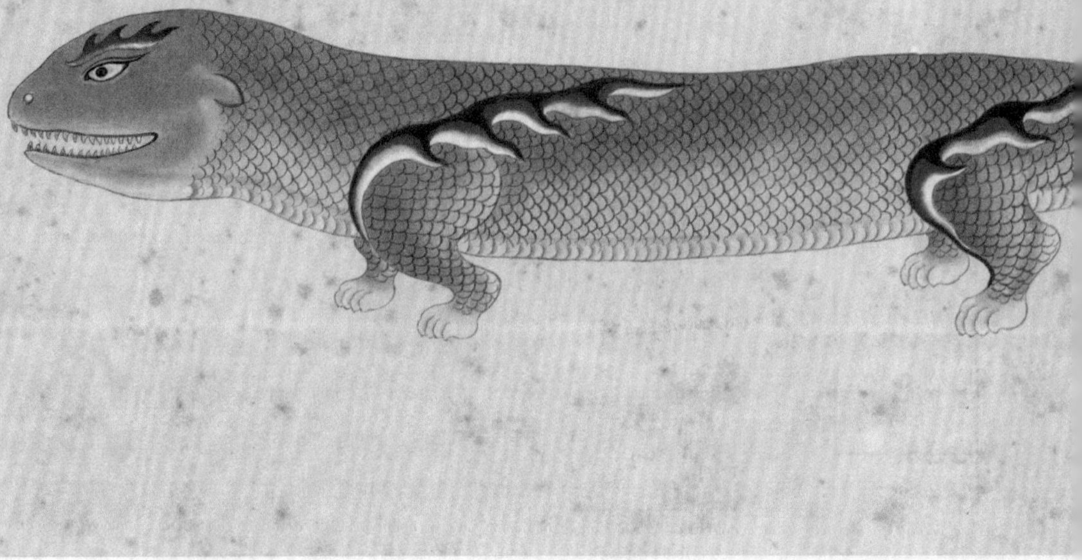

【鳄鱼】

身披火焰的龙种

如今大家都知道鳄鱼长啥样，但在清朝，想见鳄鱼一面还真不容易。聂璜也没见过鳄鱼，不过他采访到一个目击过鳄鱼的人。此人眼中的鳄鱼，是什么样子呢？

開闔四足短而有爪尾甚長不尖而扁牙雖刺而無舌逢人物在水崖則以尾撥入水吞之所家異者兩目之上及四腿之傍有生成火焰白上襯紅如繪將祭之日欲焚諸物諸番臣以犀牛有角可珍長尾猴具有靈性俱不傷人焚之可惜番王令放其猴於山犀牛養於浦村港口令牧人日給以芻惟鱷魚及乳虎舁至溥化地方架薪木焚祭遠近聚觀者數萬人此日暢玩是以得備識鱷魚形

《海错图》中的鼍。此图根据一位在湖南见过鼍的人的描述所画，外形失真，但从文中提到的分布地（长江中下游）、外形（长得像龙和穿山甲，仅1米多长）、习性（在岸边挖洞做巢，力大但不伤人）等来看，应是扬子鳄。图中的鼍正在吐雾——这也许是因为其栖息的湿地常有水汽，而被人臆想出的技能

妖魔化的鳄鱼（一）

中国是鳄鱼的故乡之一，古人早就对它有所记载。但到了清代，由于栖息地减少、气候变冷，鳄鱼的种类和数量大大减少，很少有人见到了。聂璜也是久闻鳄鱼大名，未见鳄鱼真身。

虽说他久居的长江中下游地区有扬子鳄出没，但古人管扬子鳄叫“鼍”（音tuó），并不将其视为一种鳄鱼。况且就连鼍，聂璜也未亲眼见过。

聂璜对“鳄”十分好奇。查阅资料后，他发现古书中的鳄是这样的：长得像蜥蜴，但比蜥蜴大；会潜水，但吞人后就浮出水面；广东潮州有一条“鳄溪”，鹿走在溪边，群鳄大吼，把鹿吓得落水，鳄即吞之；鳄尾上还有胶，尾巴一扫，水边的人就被粘住，落入水中……

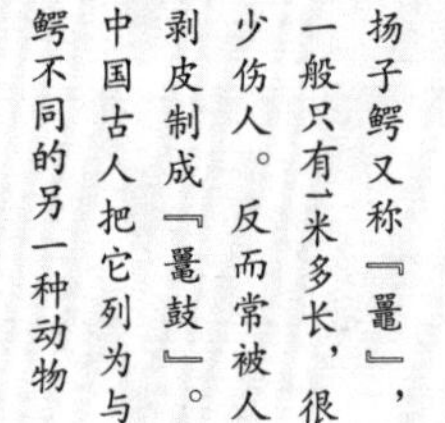

扬子鳄又称『鼍』，一般只有1米多长，很少伤人。反而常被人剥皮制成『鼍鼓』。中国古人把它列为与鳄不同的另一种动物

这些传说的真实性让人怀疑，聂璜也不敢轻信。直到某年春天，他遇到了一位叫俞伯谨的福建人。此人曾在安南国（注：今越南北部）亲眼见过鳄鱼。聂璜赶紧让他细细讲来。于是，俞伯谨讲了一个有趣的故事。

俞伯谨说："康熙三十年，我表哥去安南做生意，我随同前往。正赶上安南国王给他父亲过忌日，命各地进贡异兽。我们便去围观。有人进贡了犀牛，有人送来长尾猴，还有人进贡刚出生的小老虎13头。"

"占城国（注：今越南南部）进贡了鳄鱼三条，每条长两丈（注：6米多），金黄色，身有甲，鳞上有金线三条。口方而阔，四足短而有爪，尾又长又扁。最奇异的是，眼上和腿旁有火焰生成，白底衬红，像画上去的一样！"

"这些进贡物本来要烧掉祭祀，但安南大臣认为，犀牛有珍贵的角，烧了可惜，长尾猴有灵性不伤人，所以把猴放了，犀牛养起来了，只把鳄和小老虎烧掉了，当时围观者数万人。那天，我记住了鳄的样子。"

俞伯谨说完，给聂璜画了鳄鱼的简图，聂璜又重新描绘，变成了《海错图》中的这幅画。

聂璜最为惊异的，是鳄鱼竟然身带火焰。他认为，虽然"鳄身光焰，群书不载"，但俞伯谨是目击者，比书本更可信。龙是神物，所以人们画龙时会添上火焰。现在鳄鱼竟也带火，可知它是龙种。只不过是龙种中的恶种。

终于知道鳄鱼长什么样子了，聂璜很高兴，写了一首《鳄鱼赞》：

鳄以文传，
其状难见。
远访安南，
披图足验。

湾鳄又名咸水鳄，是现存最大的鳄鱼，传说能长到七八米。目前确切记录的最大个体为6.17米，在菲律宾捕获。图中是它死后按原比例做的模型

凶猛的湾鳄

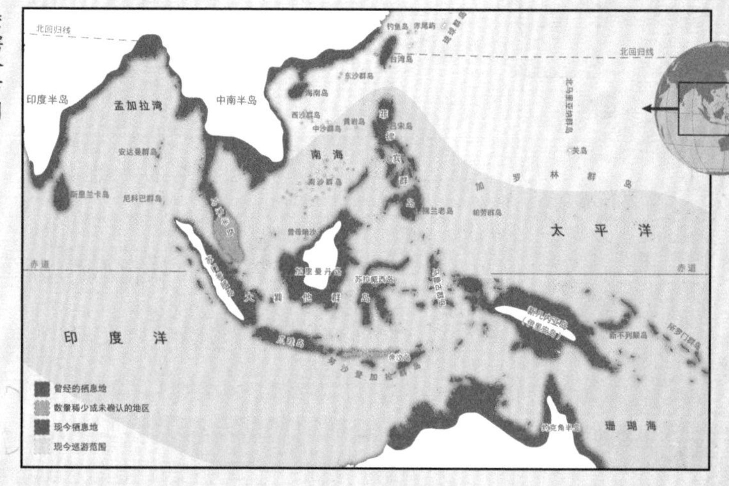

湾鳄分布图

鳄鳞生火？

㊂

以今天的眼光看这幅画，除了嘴画得过短，还是挺接近真实鳄鱼的。“鳞上有金线三条”应指的是鳄鱼背上隆起的几排“鬣鳞”。体色“金黄色”也基本属实，因为鳄鱼本就有不少黄色鳞片。

最大的问题就是身上的火焰。现实中鳄鱼没有类似的构造，而现实中的火焰也不可能“白上衬红”，还“如绘”。要么是俞伯谨在讲述时添油加醋，要么就是进贡者“绘”上去的。毕竟在中国历史上，“加工祥瑞”的现象数不胜数。比如，曾有人在龟肚子上书“天子万万年”，并进贡给武则天；袁世凯刚要称帝，就有官员声称田里的蝗虫头上有“王”字。所以，占城国受此影响，给贡品鳄鱼画上火苗，想来也不是什么稀奇的事情。

从它长达6米的体长推测，这条鳄鱼应该是湾鳄（咸水鳄）。湾鳄是现存最大的鳄鱼，只有它能达到6米长。而且，进贡鳄鱼的占城国版图是一个全部临海的窄长条，湾鳄又是唯一在海水中生活的鳄，更平添了几份可信。有人认为，这幅画也可能是马来鳄，但马来鳄的嘴细长如仙鹤，完全不符合画中短粗的样子和文字中“口方而阔”的描述。还是湾鳄更接近些。

古时大鳄，今已南撤

四

如果按确凿的考古挖掘记载，那么曾有两种鳄鱼和中国人一同生活：马来鳄和扬子鳄。珠三角一带已挖掘出很多马来鳄的骨骼，扬子鳄更是至今尚存。但马来鳄吻部细长，主要抓鱼和小动物。虽有伤人记录，但不是常态。扬子鳄更是体形太小，性格温和，这两种鳄都难以因吃人出名。所以我怀疑，古籍中吃人吃鹿的大鳄，也有可能是湾鳄（虽然还没有可靠的出土骨骼证明这一点）。比如，唐朝是中国气象史上著名的“暖期”，气温比现在高许多，喜好温暖的湾鳄就有可能从东南亚扩散到华南，伤及人畜。当时，潮州的“父母官”韩愈为此还特意写了《祭鳄鱼文》，命令鳄鱼撤回大海。到了明清，气温已比唐朝低了很多，而且人口大增，侵占了鳄的栖息地，不管是湾鳄还是马来鳄，都退缩到更暖的东南亚了。

但湾鳄也偶尔会漂流到中国海疆。清宣统元年（1909年），水师提督李准在乘军舰巡视海南三亚时，遇到一条三四米长的湾鳄迎面游来（原文记载“自海面向船而来”，故最有可能是湾鳄，因为只有湾鳄有海生习性），李准问同伴，“那是什么？”同伴说，“是鳄鱼！韩愈在潮州写文驱赶的就是它！”说话间，鳄鱼已游到船旁，试图攀上船舷。李准赶忙掏出手枪，用两颗子弹将它击毙。自那以后，虽然2003年香港的元朗山贝河出现过一条湾鳄，但它极有可能是被弃的宠物，或偶然随洋流漂来的。总之，今天的中国人再不必担心被鳄鱼所吞了。

3 000年前马来鳄曾生活在中国，但现在仅生活在马来半岛、苏门答腊一带

閩海有小紅鰻永不能大土人名為赤鱗魚魚品之最下不堪食又一種可食似赤鱗而色白

赤鱗魚賛

龍宮夜晏萬千紅燭
燒殘之餘流泛海角

【赤鳞鱼】

海中烛泪，身世不明

《海错图》中有一种红色的小鱼，对它的记载语焉不详。我们只能根据蛛丝马迹，探究它的真相。

福建的『小红鳗』（一）

“闽海有小红鳗……土人名为‘赤鳞鱼’。”在《海错图》中，作者给这幅图的配文相对较少。这一句算是对它的形态比较像样的描述了。这里道出了3条线索：产于福建沿海、全身红色、身体像鳗鱼。

看看图，也确实像一条头大身细的鳗鱼。它身上的肉呈人字形排列。但是符合这些特征的鱼不止1种。还有什么线索吗？对了，当时福建人叫它“赤鳞鱼”，而现在福建人也把一种与此相似的小鱼称为“红连鱼”，发音还真相近。那么目标初步确认，《海错图》中的赤鳞鱼，可能就是今天的“红连鱼”，它的正式名称叫赤刀鱼。虽然被民间叫作“小红鳗”“红带鱼”，但是它和带鱼、鳗鱼都没有亲缘关系。

赤刀鱼还有「小红鳗」「红带鱼」等俗名

在海底，赤刀鱼把身体藏在洞里，只露出头

捕捞上来的赤刀鱼

把自己『种』在海底

赤刀鱼这种头大身细的体形，不是为了方便游泳，而是为穴居准备的。它先在海底挖一个洞，然后把尾巴插进去，只露出脑袋，看上去就像把自己“种”在了海底一样。一有小鱼、小虾经过，它就飞速地钻出来，叼住并吃掉食物。

因此，一般的渔网可抓不住它，需要底拖网才能把它从海底“耙”上来。但赤刀鱼的数量并不稳定，所以，渔民不会特意捕捞它，只是在捕捞其他鱼时顺带捕捞一些。

厦门第八市场鱼摊上售卖的拉氏狼牙虾虎

丑到哭的『异形』㊂

可是有一个问题。《海错图》中说这种鱼“永不能大”，但赤刀鱼是能长到很大的（1米左右），而且赤刀鱼的眼睛也大，但《海错图》中的这条鱼眼睛很小。那么，这种鱼就可能有第二个身份了——近盲虾虎鱼亚科。

这个亚科在东南沿海有栉孔虾虎、拉氏狼牙虾虎、须鳗虾虎等几种，长相差不多，都是红色鳗鱼状。有的种类还能逆流而上，游进淡水湖里。内陆人看见它，八成会大喊：“这是异形啊！丑死了！”这还真没冤枉它——一个长满尖牙的血盆大口，两粒比芝麻还小的豆豆眼，皮肤红里泛灰，覆盖着黏液，只有它妈妈才会觉得它好看。

和赤刀鱼一样，这几种虾虎也是凶狠的捕食者，而且也爱藏在沙子里。但它比赤刀鱼藏得还深，全身都埋进去，只靠感受震动来侦测猎物，所以它的眼睛也退化了，基本没有视力。

近盲虾虎鱼亚科的成员也就能长到30厘米长，算是“永不能大”了。它们也很可能是《海错图》中这种鱼的原型。

最下品，还是大美味？

四

聂璜的口味似乎和现代人颇有不同。很多现代人认为好吃的鱼，他都说不好吃。比如这条“赤鳞鱼”，就被他评为“鱼品之最下，不堪食”。这简直是对一条鱼最大的侮辱。

但是，赤鳞鱼的两位可能的原型，在今天都是挺受食客欢迎的鱼。

先说赤刀鱼吧，它的幼鱼确实没什么可吃的，捞上来后通常就被当作下杂鱼，制成了鱼粉。但长大后就不一样了，被冠以“红带鱼”的名头登堂入室。两三条一清蒸，倒点儿豉油，泼上热油，尝尝看，肉多刺少，还真有点儿意思。加上颜色喜庆，近年来，它在酒宴上出现的频率也是越来越高。

别看须鳗虾虎长得丑，却比赤刀鱼还受欢迎，早就是沿海人爱吃的小鱼了。在民间，它又叫奶鱼。用它熬的汤像牛奶一样白。再加点酸菜或豆腐，喝去吧，香死人。至于有人过度想象，认为喝了奶鱼汤能下奶，就不太靠谱了。如果不想喝汤，那就煎一下，再撒上椒盐，或者和青椒同炒也不错。

聂璜在文末还提到一种鱼，“似赤鳞而色白，可食”。这说的也许是须鳗虾虎的亲戚——孔虾虎。它看上去更白一些，其实做法和味道都和须鳗虾虎差不多。

拉氏狼牙虾虎的脸长得颇似电影《异形》中的外星怪物

肖猪形於内不經考核但覩外狀何由信之即古人註魚字為獸曰似猪亦不詳所以似猪之實且註又謂此魚有毛乾之可以驗潮候益非矣今此魚無毛豈别有一種有毛之犿魚乎海犿好風水中頭豎起向風聳拜而後潛潛而後起随浪高下不定漁人偶得知必有大風將至亟收舡撤網避之懶婦所化者非真化自懶婦也特戲言耳頭中有孔能噴水曾詢之海人張朝禄云果然似乎其腮在頂也考字彙魚部有⿰魚彘字以明魚中之彘而非獸中之彘也字註未註明今為証出

海犿贊

海犿如猪　殊難信書

考驗得實　始知為魚

【海狔】

希腊灵兽，中国懒妇

『狔』是『豚』的异体字，所以海狔就是海豚。它是智慧、可爱的动物，这对现代人来说是共识了。但在古代，东西方人对它的评价却不尽相同。

朧腫圓肥長可二三尺絕類公庭所擊木柝篇海字彙註魚字曰獸名似猪東海有之疑即此也然既云是猪其骼仍是魚形何歟詢之漁人曰海狔實魚形非猪形也不鬻於市人多不識網中得此多稱不吉惡之其肉不堪食熬為膏燭機杼不污腹内有膏兩片絕似猪肪其肝腸心肺腰肚全是猪腹中物皆堪食而肚尤美惟肝味如木屑差劣予謂海魚如燕魟鸚鵡魚鷄

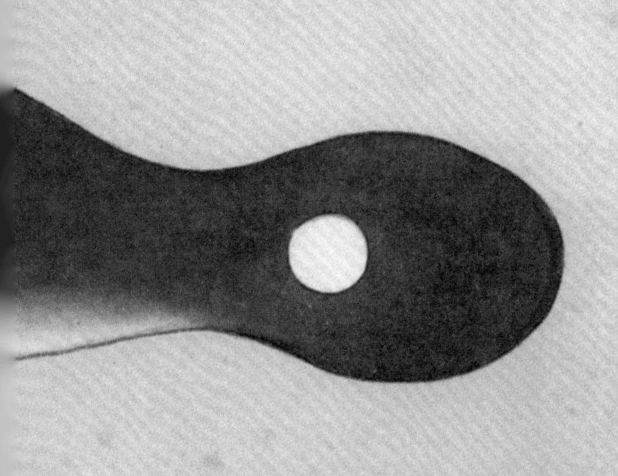

外表是鱼，内脏是猪？

海豚，顾名思义就是“海里的猪”。古书中记载，海豚外形像猪。但聂璜在见到真的海豚后，却觉得怎么看都像鱼，一点儿都不像猪啊？

他把这疑问告诉了渔民。渔民对他说：“海豚不是因为外形像猪，而是它的内脏和猪内脏一样！”也难怪，海豚是哺乳动物，内脏自然和鱼差得远，和猪更像。

巧合的是，欧洲人命名海豚时，也和中国渔民想的一样。在英语里，海豚叫“dolphin”，源于希腊语的“子宫”一词。据说，希腊人看到海豚外形是鱼，但体内却有哺乳动物的子宫，就将其命名为“有子宫的鱼”。

从聂璜画的这幅图来看，八成是一条江豚（注：江豚属于鼠海豚科，也算海豚）。因为它嘴很短，且没有背鳍，符合这两个特点的，只有露脊海豚属和江豚属的动物。中国海域没有露脊海豚，所以只可能是江豚了。

不要一听“江豚”就以为它只生活在江里，其实长江里的江豚只是江豚属的一个种，其他种类的江豚还是生活在海里的。至今，中国渔民在海里捞起江豚还是常有的事。

《海错图》中的海豚没有背鳍，应属于江豚家族。这是日本水族馆饲养的一只江豚

传说中，救起古希腊音乐家阿里翁的海豚，后来变成了星座『海豚座』（图中左上绿色图案）

有人爱，有人厌

二

在中国传统文化里，海豚的形象并不好。聂璜记录下了渔民对海豚的态度："网中得此，多称不吉，恶之。"相传，它是由懒惰的家庭主妇变化而来的。懒到什么程度呢？据说用海豚脂肪点的灯，放到歌舞玩乐之地，灯就明亮，放到织布机前，灯就变暗了……当然这是一种夸张的谣言。就连聂璜都说："懒妇所化者，非真。化自懒妇也，特戏言耳。"

相比之下，欧洲人对海豚的印象就好多了。相传，古希腊音乐家阿里翁在船上遇到歹徒，要杀他灭口。他请求唱完最后一首歌，然后纵身跳海。一只海豚被他的歌声打动，把他救了起来。后来，这只海豚便成为夜空中的"海豚座"。这个传说源于海豚的两种真实习性：会用歌声沟通，而且会救起溺水的人。至今，科学家都还没搞清海豚救人的原因。有人认为它把溺水者当成了自己的幼崽，有人觉得它只是喜欢顶着漂浮物玩，还有人认为它确实有见义勇为之心。不管怎样，许多欧洲人把海豚视为有灵性的动物。在古希腊，杀死海豚甚至会被判处死刑。

这是3 000多年前绘制在希腊克里特岛上克诺索斯王宫的一张壁画，至今光彩如新。画上的原型可能是『短吻真海豚』

拜风喷水，组团行动

《海错图》中还写道："海豚头顶有孔，能喷水，似乎这是它的鳃。它喜欢风，一到刮风时，就上百只聚成群，向着风的方向祭拜——把头露出水面，再潜进水里，反复多次，像磕头一样。渔民看到这场景，就知大风将至，赶紧收网回家……另外把海豚幼崽抓住，海豚母亲就会带着千百只海豚来救它。"

现在，我们知道，海豚用肺呼吸，长在它头顶的不是鳃，而是鼻孔。它"拜而复潜，潜而复起"，并不是在拜风，而是有多种原因：一是露出水面呼吸；二是玩耍；三是用拍击水面的震动，以赶走身上的寄生虫。寄生虫是海豚的一大威胁，如不及时清除，会危害到它的回声定位系统和呼吸系统，使它搁浅。

古人把江豚的跳跃解释成「拜风」，还给它起了个「追风族」的雅号

而海豚亲友团救子的行为也是存在的。海豚群体成员之间感情深厚，对幼崽、体弱者更是关爱有加。在古代，人们曾利用海豚的这种行为来捕猎海豚。如今正相反，在保护海豚的理念下，人们利用这个特点来救助海豚。2013年2月2日，100多条海豚在澳大利亚的一处浅水海域"迷路"，随时有搁浅的危险。动物专家急中生智，把一条海豚幼崽拖进了深水区，其他海豚听到了幼崽的呼救，纷纷赶去营救，从而也游进了深水，脱离了险境。

短吻真海豚，是欧洲海域常见的海豚

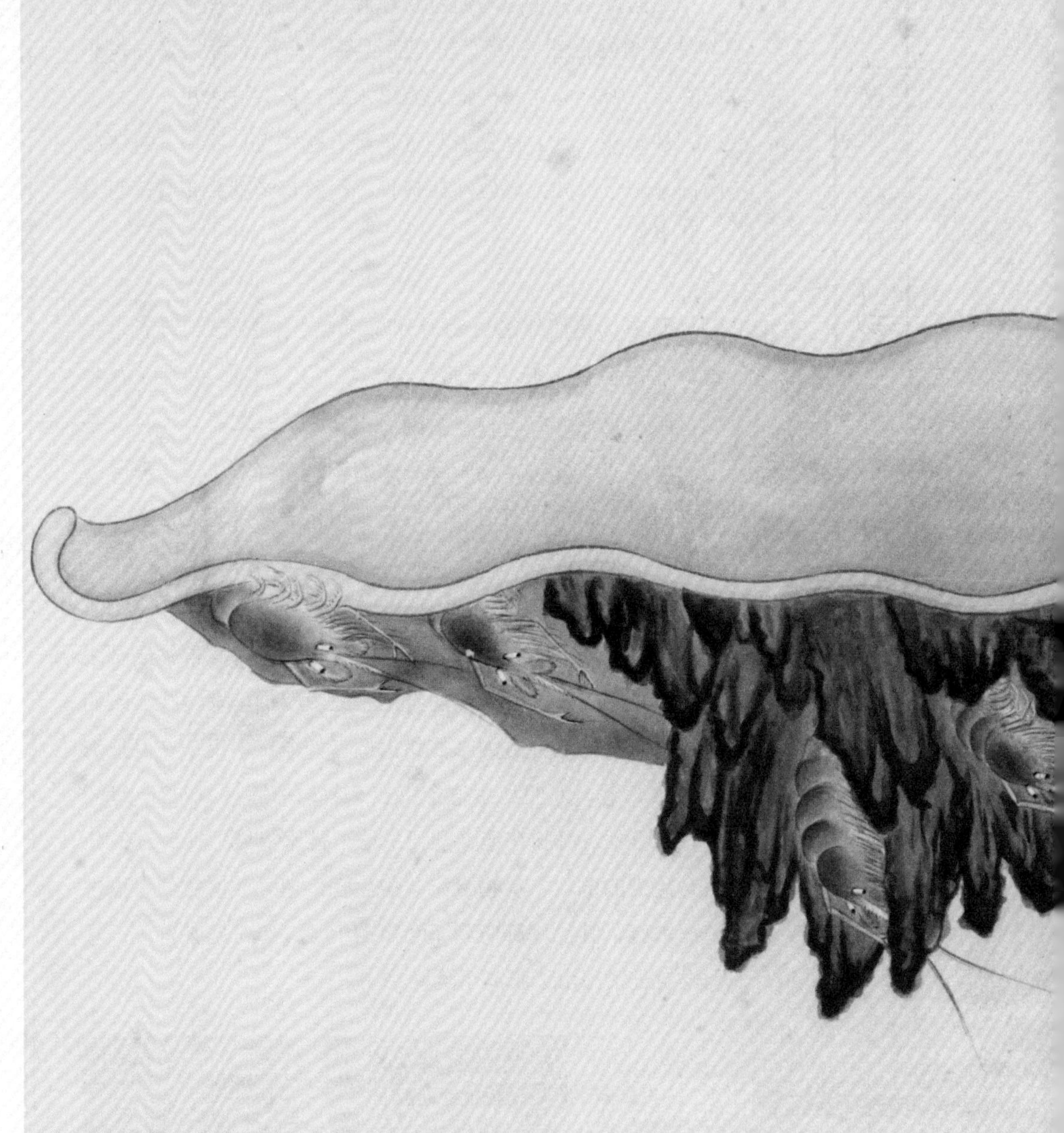
金盞銀臺賛
王母龍婆
大會蓬萊
麻姑進酒
金盞銀臺

【蛇鱼】

以虾为目，以水为身

蛇鱼，现在叫水母。它好像不是地球该有的生物，柔软透明，引发了『生于水，化为水』的传言。『水母目虾』的故事，又为其平添了几分智慧。水母会变成海鸥吗？水母和海蜇又是怎样的关系呢？

蛇魚賛
水母目蝦
暫有所假
志在青雲
但看羽化

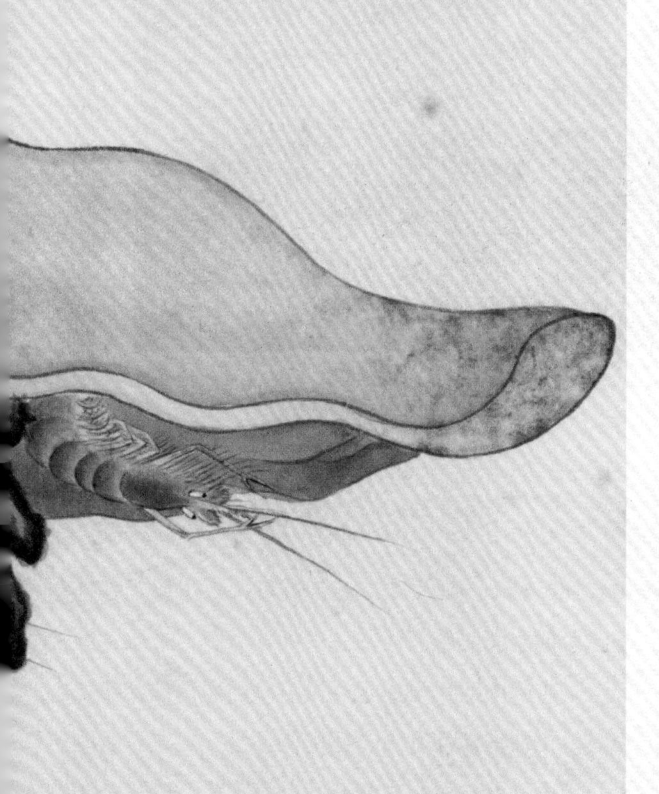

海月水母是中国海滨最常见的水母，但没什么食用价值

一 水沫凝成？

“蛇（音zhà）鱼，即水母，又名海蜇，它不属于任何一类动物，是绿色的水沫凝结而成的，形如羊胃，浮在水中，没有内脏。”这是古籍中对水母的记载。聂璜看着这些文字，心生疑惑。当时他正住在浙江永嘉，离海港不远，见过不少刚捞上来的水母。亲手剖开，看到里面有“肠胃血膜”，这是动物的特点。而且当地的鱼汛都是从南而来，唯有水母群是从东北而来，还有大小年之分。这些特点，用“水沫凝成”是很难解释的。所以他认为，古籍的记载有误。

聂璜的推测是对的。水母当然不是水沫结成，而是实实在在的动物。人们常把身体轻薄透明、有些须子的海生物都冠以“水母”之名，如管水母目、钵水母纲、箱水母纲和十字水母纲等。

其实分类学上狭义的水母，也就是我们脑海中最经典的水母，都属于钵水母纲。它们的特征是身体分为伞部和口腕部，口腕上还长着很多须子一样的附属器。而餐桌上的海蜇，则属于钵水母纲下的根口水母目。所以，闹不清海蜇和水母是啥关系的你，现在该明白了：海蜇是水母家族的一员。

然而，“水沫凝成”的说法也并非空穴来风。水母身体95%以上都是水，死后几个小时，就“自溶”成一摊清水，只剩一点儿固体混在“尸水”中很难辨认。这难免让人产生“水母由水凝结而成”的联想。

《海错图》中记载，清代渔民为了避免海蜇化水，会用明矾处理，直到把“肥大甚重”的海蜇变得“薄瘦”后再出售。因为明矾会使海蜇迅速脱水，让蛋白质凝固，还能杀菌、除去触手里的毒性，就可以长期保存了。至今，明矾还是处理海蜇必不可少的用料。舟山渔民有谚：“海蜇不上矾，只好掼沙滩。”

渔民在切割刚捞上来的海蜇。若不尽快处理，它们会迅速变质化水

以虾为目？（二）

“水母没有眼睛，但人要捞水母时，水母就迅速沉入水下，这是因为水母身下常聚集着数十只虾，以水母表面的黏液为食。它们充当了水母的眼睛。”这样的传说在古代典籍中处处可见。《海错图》中的这幅画，就展现了这一情景。至今，浙江宁波的老人在自嘲视力不佳时，还会说“我这是‘海蜇皮子虾当眼’！”甚至还有“水母目虾”这么个成语，比喻人没有主见，人云亦云。

这传说看似离奇，事实上竟是出奇地靠谱。中国海域确实有一种“海蜇虾”与海蜇共生。小虾平时在海蜇身体上自由活动，一有危险，它们就藏进海蜇的口腕里面。海蜇感受到虾的刺激，便知危险将近，于是迅速下沉。而虾也不是白白担任海蜇的眼睛：在有毒的海蜇触手的保护下，它们相当安全，还可以吃到海蜇吃剩的食物。

其实，水母的朋友不仅有虾，还有平线若鲹和低鳍鲳的幼鱼。常能看到水母在前面游，一大群小鱼在后面追，求水母“罩着”它们。捕食者一来，它们就瞬间冲进水母的“伞下”，并且有办法不让水母蛰到自己。

然而，水母也并不是没有眼睛。在它“伞”的边缘有一些缺口，每个缺口中都有眼点。虽然只能感受光线强弱，但好歹也是有啊。

最厉害的还要数眼点旁边的平衡石、感受器和纤毛。它们能感知远处风暴传来的次声波，从而提醒水母早早地下沉，避开风浪。有经验的渔民会根据水母的行为预测风暴。所以，虽然小虾、小鱼可以帮助水母感知危险，但没有它们，水母也不瞎不聋，过得不错。

写文时，遍寻不到海蜇虾与海蜇共生的图片。一天意外看到微博上一网友拍到此图，竟和《海错图》中所绘出奇相似，赶忙向他求来放于文中。图中是一只翻过来的海蜇，可以看到很多只海蜇虾藏在它的口腕之间

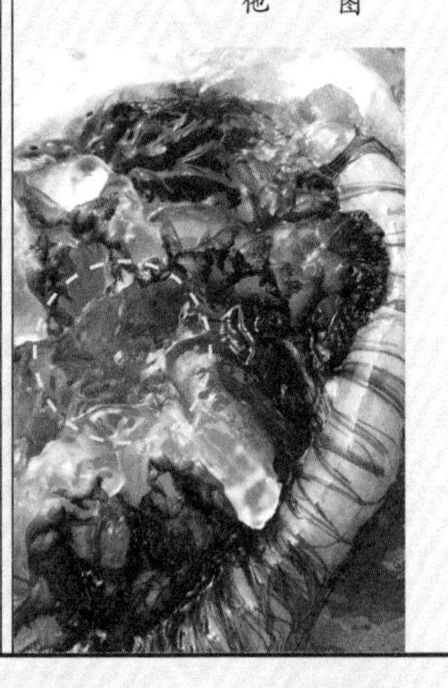

低鳍鲳可以躲在水母的触手间，而不被触手蛰到

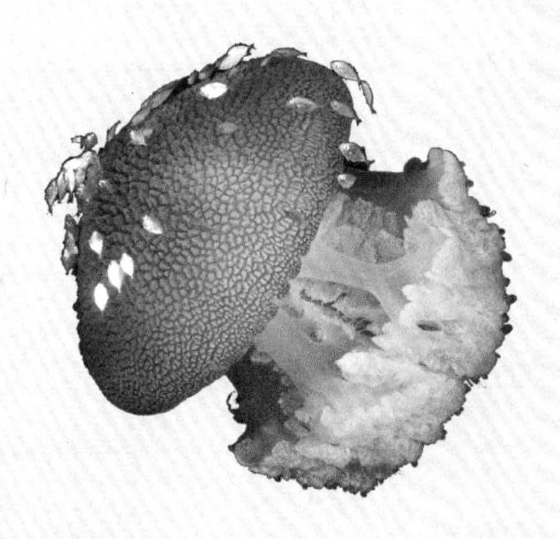

安全时，小鱼就游到水母伞盖的上面

危险时，小鱼就躲在水母伞盖下

水母变鸥？（三）

康熙三十年（1691年）六月，福州连江县的渔民捞上来一只大水母。剖开一看，竟有一半身体变成了海鸥！一位叫王允周的人亲眼得见，为聂璜讲述了此事。聂璜遍查古书，没找到“水母能变为海鸥”的记载。但他自己分析，此事有三大合理之处。第一，水母喜浮于海上，海鸥也喜欢，习性上沾边。第二，水母质地类似蛋黄蛋白，孵出鸟来也是有可能的。第三，蚕化为蛾，不也是没翅膀的变成有翅膀的吗？聂璜不禁被自己的机智折服，挥毫画了一幅“蛇鱼化海鸥图”，赞美了一番造化神奇。

《海错图》里的『蛇鱼化海鸥图』

以今天的眼光看，聂璜的这三条分析简直是醉雷公——胡劈（批）。真相也许只是水母在风浪中裹住了一只海鸥的尸体残块。在深受“化生说”影响的古代，这种误解不胜枚举。

不过，水母一生中确实一直在“变形”。从卵孵化后，它先是变成小小的、圆乎乎的浮浪幼虫，然后固定在某处，变成海葵一样的螅状体，再变成一摞盘子似的横裂体，盘子一个个脱落下来，变成一个个碟状体，最后才变成水母体。在这几个阶段里，水母的长相截然不同。

《海错图》中记载了一种小型水母——“金盏银台”。传说每年四月初八下大雨时，每个雨滴砸出的水泡就变成一个小水母，待它们初具水母形状时，当地人将其晒干，和肉同煮，“薄脆而美”。所谓水泡变为水母自然是谣传，但这“金盏银台”应该就是刚刚成年的小海蜇，或是其他小型水母。

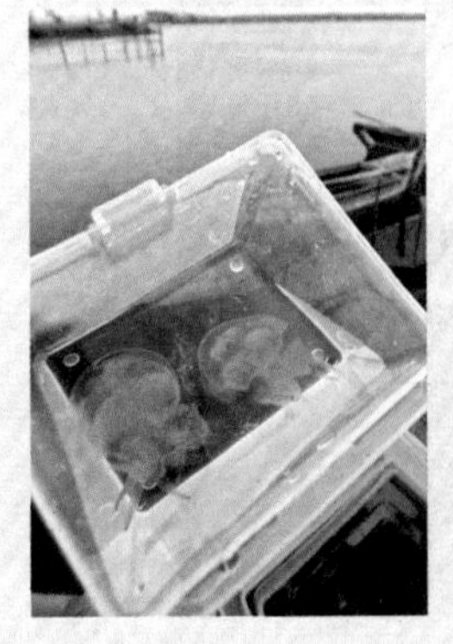

在辽宁丹东采访海蜇养殖场时，我要来两只海蜇苗，拍下了它们的可爱模样。所谓『金盏银台』，大概就是这么大的海蜇吧

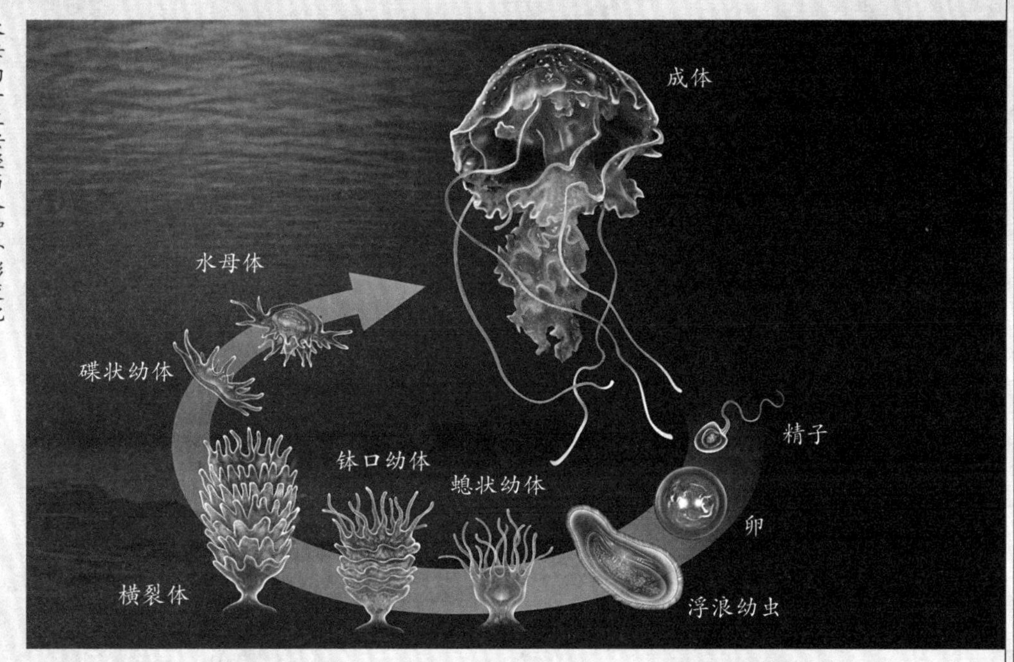

水母的一生要经历各种外形变化

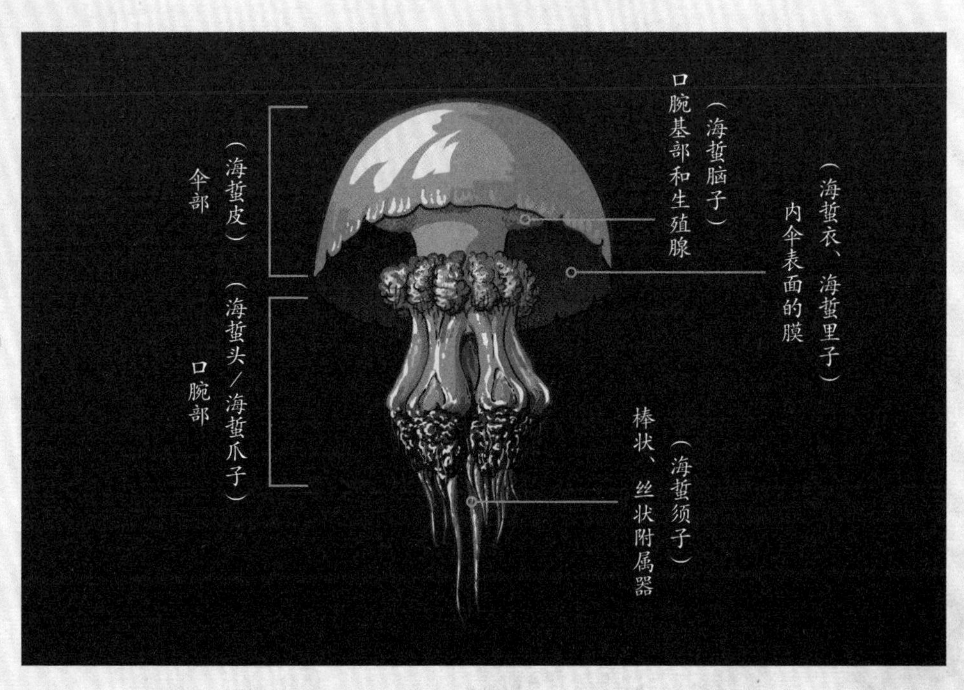

海蜇各部分图解。括号里是渔民、食客口中的称呼

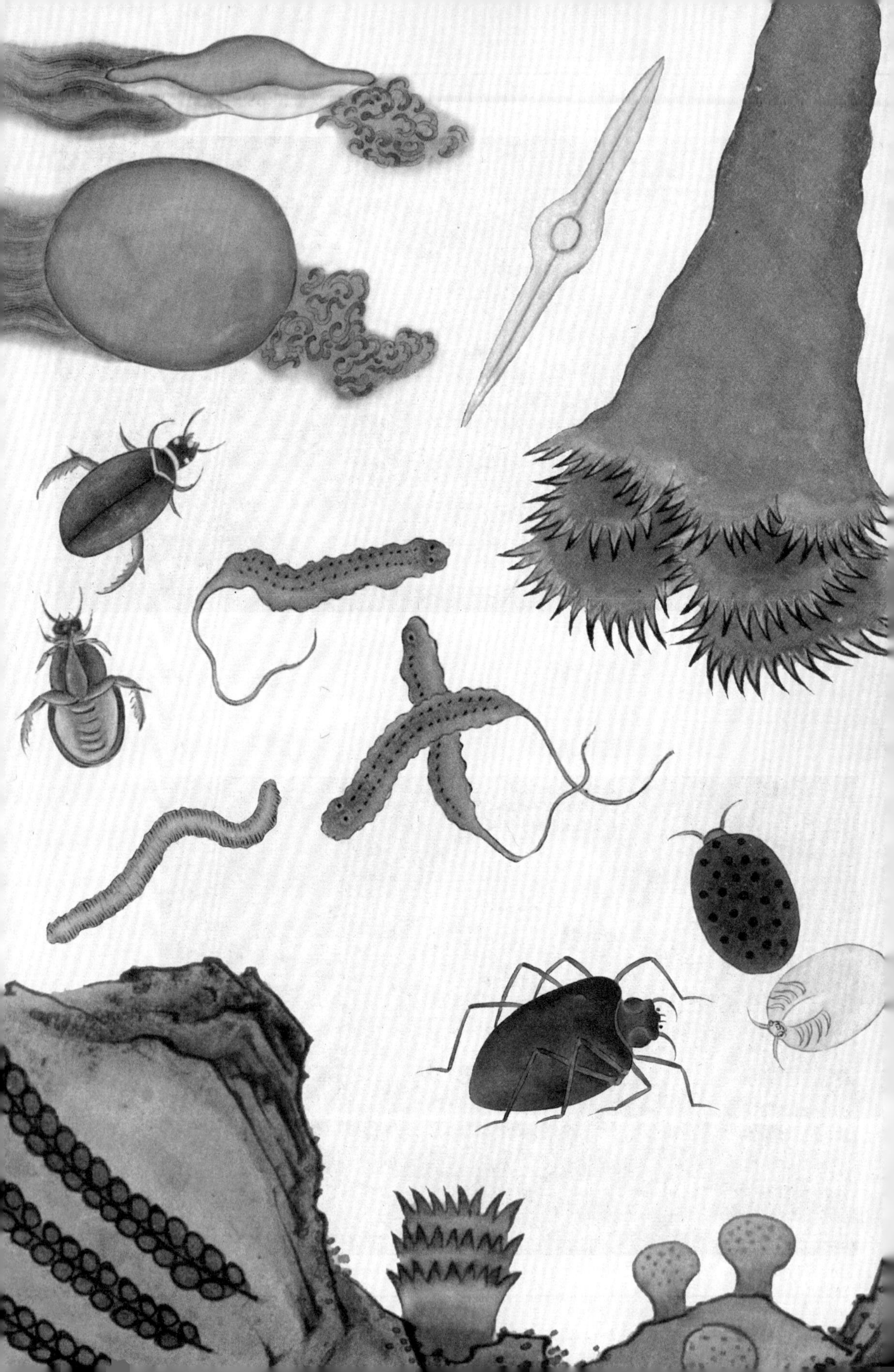

第三章 虫部

下垂至地如衣袍者然但着髀而生不能脱卸其男止
能笑而不能言亦飲食為人後使常登岸被土人獲之
又云一種魚人名海女上髀女人下髀魚形其骨能止
下血彙苑又載海外有人面魚人面魚身其味在目其
毒在身番王嘗熟之以試使臣有博識者食目舍肉番
人驚異之又載東海有海人魚大者長五六尺狀如人
眉目口鼻手爪頭面無不具肉白如玉無鱗而有細毛
五色輕軟長一二寸髮如馬尾長五六尺陰陽與男女
無異海濱鰥寡多取得養之於池沼交合之際與人無
異亦不傷人他如海童海鬼更難悉數亦不易狀兹言
螺蟲之長特舉其槩萬物皆祖於龍諸祼蟲總以龍統
之可耳字彙魚部有魜字特為人魚存名也

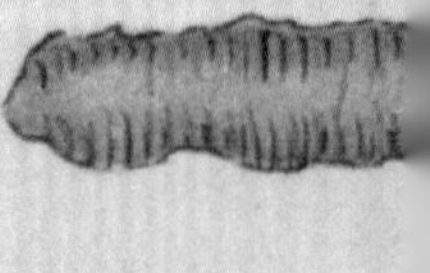

【龙肠】

海涂裸虫，不堪入目

泥巴里的蚯蚓状生物，冠以『龙肠』之名，想必不是寻常之物。但是它一定要长得这么污吗？

龍腸亦無毛之蜾虫也生海塗中長數寸紅黄色如蚯蚓縮泥中海人用銅線紐鉤出之將去泥沙中更有一小腸如線亦去之煮為羮味清肉脆晒乾亦可寄遠為珍品一種沙蟲形味與龍腸相似又有一種似龍腸而粗紫色味勝龍腸曰官人不知何所取意予曰其狀與龍腸同不更重繪夫裸蟲三百六十屬其數雖多亦有所統則人為之長人亦一蟲也特靈於蟲耳職方外紀

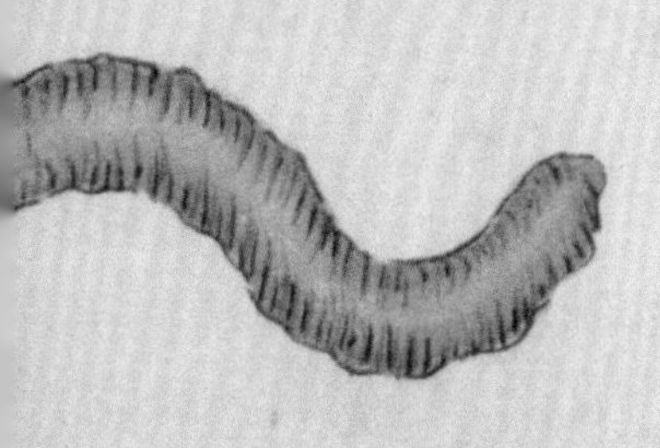

广西北海的挖沙虫渔民

无毛之裸虫

一

这幅画是一条肠子状的生物。聂璜叫它“龙肠”，还说它“亦无毛之蜾虫也”。蜾虫是什么？看到这个“亦”字，大概是前文还有相关内容。果然，龙肠的前一幅图是“海蚕”，配文是“海蚕，裸虫也”。那么龙肠里的“蜾虫”，就是“裸虫”的误写了。

好，龙肠是裸虫了，那么裸虫又是什么？这要提到古代的一种分类法——五虫说。按这种说法，动物被分成5类：

◇羽虫（鸟类，凤凰为羽虫之长）

◇毛虫（兽类，麒麟为毛虫之长）

◇介虫（带壳的动物，如贝类、螃蟹等，龟为介虫之长）

◇鳞虫（带鳞的动物，如鱼、蜥蜴、蛇，龙为鳞虫之长）

◇裸（也写作倮、蠃）虫（没毛的动物，如人、蛙、蚯蚓等，人为裸虫之长）

这个分法，今天看很可笑，但当时很有影响力。“龙肠”因为没毛，就和人类同属“裸虫”了。作为人类我表个态，我可没它这么个亲戚。

泥中肉棍 二

龙肠“生海涂中，长数寸，红黄色如蚯蚓，缩泥中”。听着有点儿像沙蚕。但是《海错图》里另画了沙蚕，而且沙蚕有毛，龙肠没毛，不符合。龙肠的另一个特点是可以吃，“煮为羹，味清肉脆，晒干可以寄远”。又能煮羹，又能晒干，那么很可能是方格星虫了。

方格星虫现在的俗称不是龙肠，是“沙虫”。它曾经是星虫动物门的，现在并入了环节动物门，和蚯蚓是亲戚了。

方格星虫是广西北海的名产。虽然中国从北到南都有它的分布，但北部湾的海水比较干净，沙虫品质好。退潮后，北海滩涂上就来了挖沙虫的人。他们能从沙面的孔洞判断沙虫的位置，然后挥锄切断沙虫的退路，用手轻柔地取出虫子。

《海错图》又记载了一种“似龙肠而粗，紫色，味胜龙肠”的动物，但是没有配图，也许指的是今天俗称“海肠子”的单环刺螠（音yì）。它本来属于螠虫动物门，现在也并入环节动物门了。这东西比方格星虫粗，内脏透过外皮泛出紫色，看着很像男人的某个器官。聂璜说这种动物名叫“官人”，然后说：“不知何所取意。”还能取啥意，长得像呗！也不知道他真傻还是假傻。

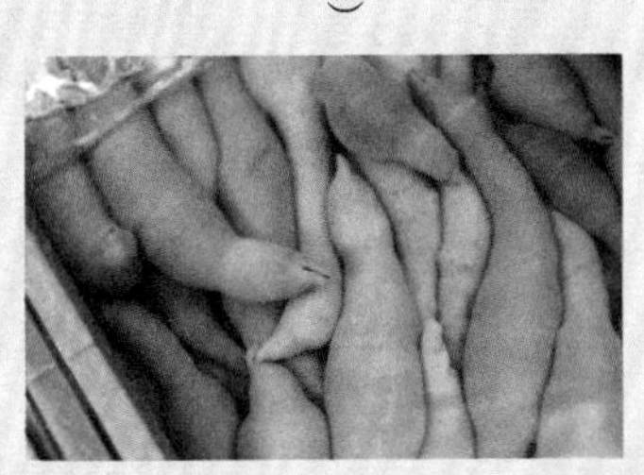
单环刺螠（海肠子）

方格星虫的体壁上，横肌束和竖肌束交叉排列，像一个个方格子，故名

丑陋而好吃

三

方格星虫和单环刺螠都是挺好的食材，只要能突破心理障碍，还是值得一尝的。北海人认为，沙虫赛过海参和鱼翅。海参、鱼翅虽贵，但本身无味，沙虫却自带鲜味，口感也好。沙虫干更是煲粥的绝品。有个秘诀：沙虫干拿到手，先放在锅里不放油干炒，然后再泡发、洗沙、煮粥，这样香味才会出来。

单环刺螠北方人吃的较多，常见的是“海肠炒韭菜”。但是高温翻炒会让海肠缩水，好大几条炒完了就剩一点儿。不如试试“葱油拌海肠”。开水汆海肠10秒就捞出，拌上蒸鱼豉油和醋，铺上葱花，滚油一浇，既熟了，肥嫩度又正好。

我买的沙虫干。做海鲜粥时放几个，还不错

清蒸沙虫

海肠子拌茼蒿

謝若愚曰龍蝨鴨食之則不卵故能化痰按龍蝨狀如蜣螂赭黑色六足兩翅而有鬚本海濱飛虫也海人乾而貨之美其名曰龍蝨豈真龍骸之蝨哉食者捻去其殼翼啖其肉味同炙蠶不耐久藏或曰此物遇風雷霖雨則墮於田間故曰龍蝨

【龙虱】

龙鳞生虱，陨落田野

龙虱是常见的水生昆虫，但它为什么叫这个名字，很少有人提到。还好，《海错图》里有记载。

龍蝨贊

霧欝雲蒸
龍鱗生蝨
風伯雨師
空中探出

在水下，龙虱的体表会泛出绿色的光泽

龙身上的虱子？

一

这大概是《海错图》里讲述的唯一一种昆虫了。文字中的“六足两翅而有须”和画中的两个甲虫告诉我们，它是昆虫纲鞘翅目的成员。

按现在昆虫学的命名法，甲虫应该叫“××甲”才对。可这种虫为什么叫“龙虱”呢？不管是外表还是生活习性，这种甲虫和龙、虱子都没有任何相似的地方。

还好，《海错图》记载了一个宝贵的说法：“此物遇风雷霖雨，则堕于田间，故曰龙虱。”原来古人认为，龙能兴风致雨，雨后田里又会出现很多这种甲虫，所以认为它是龙身上掉下来的虱子。

其实，龙虱在雨后不是从天上“堕”下来的，而是从水里飞出来的。它是水生昆虫，几乎完全在水下生活。而昆虫爱好者都知道，雨后的闷热夜晚是昆虫活动的高峰，龙虱也不例外。它会钻出水面飞来飞去。

虽然是水生昆虫，但它也需要呼吸空气。守在一个池塘边，你就可能看到龙虱换气的样子：急匆匆地从水下游上来，到水面一个转身，把屁股尖伸出水面，微微张开鞘翅，让新鲜空气进入鞘翅和腹部之间的空间，然后合上鞘翅，再游回水下。

这样，鞘翅下就藏了一个气泡，等于背了一个氧气瓶。当气泡里的氧气变少时，水中的溶氧还会自动渗透进去，所以一个气泡能呼吸好久。

有了这个泡，龙虱就能在水下捕食了。它缩起前4只足，只用两只粗壮的后足一下一下地划水，好似一艘赛艇。尤其是大型种类的龙虱，划水时坚定而缓慢，气度雍容。

一种小型龙虱。尾部露出的半个气泡就是它携带的『氧气瓶』

据记载，龙虱非常凶狠，捕食一切能抓到的东西，比如鱼虾、田螺和其他水生昆虫。但是就我和朋友的饲养经验来看，还从没见过它抓活鱼、活虾。相反，它笨拙的动作只能抓住死物，而且还得让它的短触角碰到，才能闻见，否则就像睁眼瞎一样，擦身而过也发现不了食物。因此，可以放心地把它和鱼养在一起。但鱼缸里不能有水草，因为它会把草叶啃得乱七八糟。

这战斗力为零的形象令我十分疑惑。之前一直听说它会捕捉鱼苗，是鱼塘一害啊？直到现在我也不明白是饲养问题、种类问题还是记载有误。但可以确定的是，它很能吃。只要送到嘴边的食物，都会开心地抱着吃起来。

哪种龙虱？

㊂

龙虱只生活在淡水里，在海边的河流、池塘里挺多。所以虽然不是海洋生物，但是《海错图》也把它作为“海滨飞虫”收录了。在动物分类学上，龙虱是一个科，种类繁多。那么，《海错图》画的究竟是哪一种龙虱呢？有学者鉴定其为“黄边大龙虱”（又名日本真龙虱，*Cybister japonicas*）。我不太理解这是怎么鉴定出来的。日本真龙虱的一大特点就是身体两侧各有一条鲜艳的黄边，但画中的龙虱并没有这个特征，文字描述也只写“（身体）赭黑色”。画里这两只龙虱，一个背面，一个腹面，体段和6只足的位置都特别准确，明显是照着实物画的，画得这么细都没画出黄边，说明实物可能真的没有黄边。所以鉴定成日本真龙虱就不合适了。

文字中还有两条线索：“状如蜣螂”和“海人……啖其肉”。这说明它应该不是小型种类的龙虱。小型龙虱只有指甲盖那么大，且花纹复杂，不像蜣螂，人们也不吃它。被人当作食物的都是大型种。中国的大型龙虱，基本都是真龙虱属的。这个属中的瘤翅真龙虱、黑绿真龙虱没有黄边，和《海错图》中记录的特征比较符合。

但是光抠书本不够，还得联系实际。至今，生活在华南一些地方的人还喜欢吃龙虱。餐桌上的龙虱有两类。一类带黄边，另一类不带黄边。带黄边的龙虱就是真正的龙虱，不带黄边的是另一类水生甲虫——水龟虫（牙甲）。它虽不是龙虱，却因长得相似，也被当作龙虱售卖。而且它的野生数量比龙虱多，所以更常见，在市面上更便宜。聂璜买到它作为写生材料的可能性也就更大。

所以，《海错图》里的这两只“龙虱”，很有可能不是龙虱，而是水龟虫。

水龟虫也叫牙甲，体形硕大，经常被当作龙虱端上餐桌

和味龙虱

四

不管是龙虱还是水龟虫，做成菜的方法都差不多。最著名的做法是“和味龙虱”。“和味”不是日本风味，而是粤语“好味道、味道合适”的意思。先用热水汆烫，让虫排清肚肠，再用爆炒、腌制等办法，就能上桌了。吃时记得像《海错图》中所说：“捻去其壳翼。”然后捏住头一拽，把内脏拽出，剩下的都可以吃，嘎吱嘎吱的，下酒解闷儿。

老百姓管水龟虫叫“公龙虱”，管真龙虱叫“母龙虱”，说母的比公的好吃。这也对，水龟虫确实没龙虱肉多。

中国人总喜欢给食物找出点儿疗效，龙虱也未能幸免。《海错图》里提到：“龙虱，鸭食之则不卵，故能化痰。”先不说鸭子吃了龙虱是否真的不会下蛋，就算真不下蛋，推导出“鸭子吃了龙虱不下蛋，那么蛋一定是被龙虱弄化了，所以人吃了龙虱一定也能把痰弄化，所以吃龙虱能化痰”这个逻辑链也是让人佩服。今人则更多地说龙虱滋阴补肾。这听着就正常多了，毕竟在我国，只要是食物，基本都滋阴补肾。

我饲养的日本真龙虱。体侧有黄边是它的特征之一

海蜘蛛產海山深僻處大者不知其幾千百年舶人樵汲或有見之懼不敢進或云年久有珠龍常取之彙苑載海蜘蛛巨者若丈二車輪文具五色非大山深谷不伏遊絲隘中牢若絙纜虎豹麋鹿間觸其經蛛益吐絲糾纏卒不可脫俟其斃腐乃就食之舶人欲樵薪者率百十人束炬往遇絲輒燃或得其皮為履不航而涉愚按天地生物小常制大蛟龍至神見畏於蜈蚣虎豹至猛受困於蜘蛛象至高巍目無牛馬而怯于鼠之入耳鼋至難死支解猶生而常斃于蚊之一啄物性受制可謂奇矣

海蜘蛛贊

海山蜘蛛　大如車輪

虎豹觸網　如縶蠅蚊

【海蜘蛛】

深藏海山，食虎啮豹

大如车轮、能捕虎豹的蜘蛛，真的存在么？相传，它就藏在海山的深处。

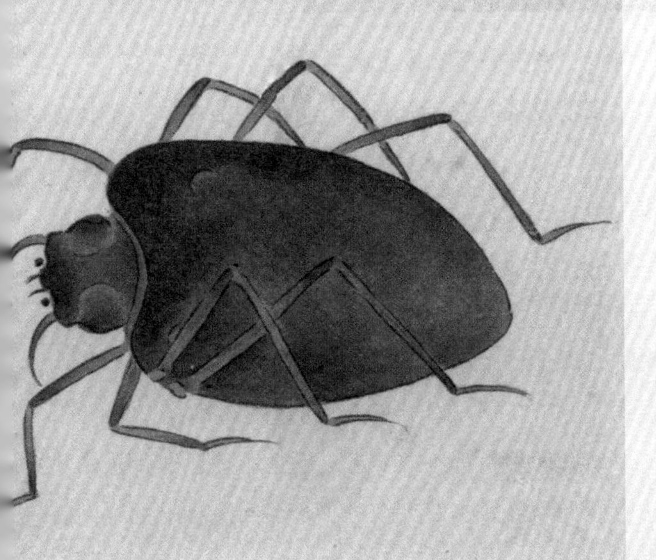

斑络新妇能长到人手那么大

欲状蜘蛛之巨大而近妖

一

出海回来的渔人和水手，总有一肚子的故事，人们也乐于听他们讲述海上的奇闻。其中，无人岛的故事是一大热门题材。海中有许多无人岛，想知道岛上有什么，全靠海人的讲述。

聂璜就是那个爱听故事的人。海人告诉他，在海岛的山林深处，有巨大的“海蜘蛛”存在，不知道活了几千几百年。船员上岛看到它，都不敢靠近。要是不得已非得进山找柴火，就得百十来号人拿着火把进去，遇到海蜘蛛的蛛网就把它烧掉。

不烧不行，会出人命。大个儿的海蜘蛛有“丈二车轮”那么大，结的网牢若缆绳。虎、豹、麋鹿若碰到网，蜘蛛就会吐丝缠住它们，等它们死亡腐烂，再将其吃掉。年深日久，海蜘蛛体内还会长出宝珠，龙经常会把珠子取走，变成龙珠。

确实是非常精彩的故事，但有点儿过了。适当夸张一下没问题，但都搞成怪兽灾难片了，谁还信呢？

澳大利亚的斑络新妇抓到了一只栗胸文鸟，成为一时新闻

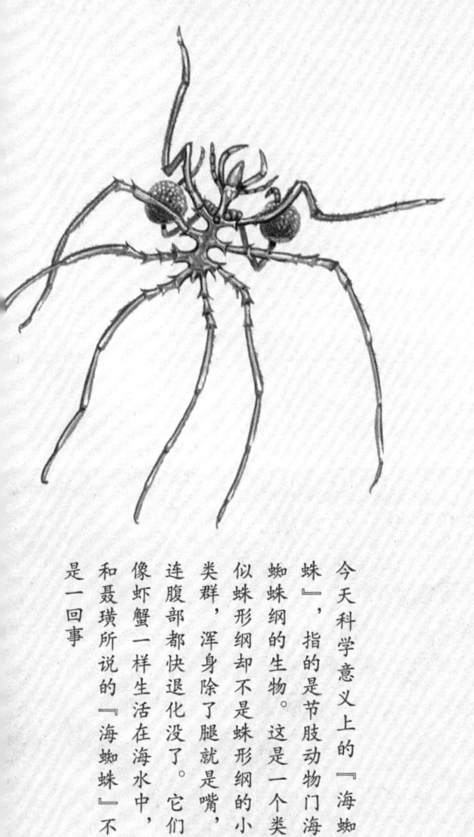

今天科学意义上的『海蜘蛛』，指的是节肢动物门海蜘蛛纲的生物。这是一个类似蛛形纲却不是蛛形纲的小类群，浑身除了腿就是嘴，连腹部都快退化没了。它们像虾蟹一样生活在海水中，和聂璜所说的『海蜘蛛』不是一回事

我的朋友吴超拍到的珍贵画面：棒络新妇的网黏住了一只蝙蝠

现实中的大蜘蛛 ㈡

蜘蛛有两类，一类叫结网型蜘蛛，天天守在网上等猎物来。另一类叫徘徊型蜘蛛，不结网，到处爬，主动寻找猎物。这两类蜘蛛虽然不像传说的那样夸张，但也各有大得让人害怕的种类。

结网型蜘蛛里，最常见的有两种大蜘蛛：斑络新妇和棒络新妇。“络新妇”这名字来自日本，本是一种蜘蛛精的名字。她白天是美女，晚上就现出原形，放出很多口吐青烟的小蜘蛛，吸人的精血。

棒络新妇全国都有，在北方的居民小区里经常出现，冷不丁吓人一跳。它个头很大，腹部有虎纹。蛛网织得不太规整，却相当结实，甚至能把蝙蝠网住。

另一种斑络新妇集中在南方，身体以黑色为主，腹部背面有两条黄带（也有的个体没有黄带）。斑络新妇比棒络新妇还要大，脚展开有15厘米，配上直径1米的大网，很容易给人“大如车轮”的错觉。它的网也非常结实，运气好能网到大物。澳大利亚曾经有过斑络新妇抓鸟的新闻。受害鸟是一只栗胸文鸟，个子很小，但好歹也是鸟，算是不错的战绩了。

体形巨大的海南单柄蛛，是著名的国产捕鸟蛛

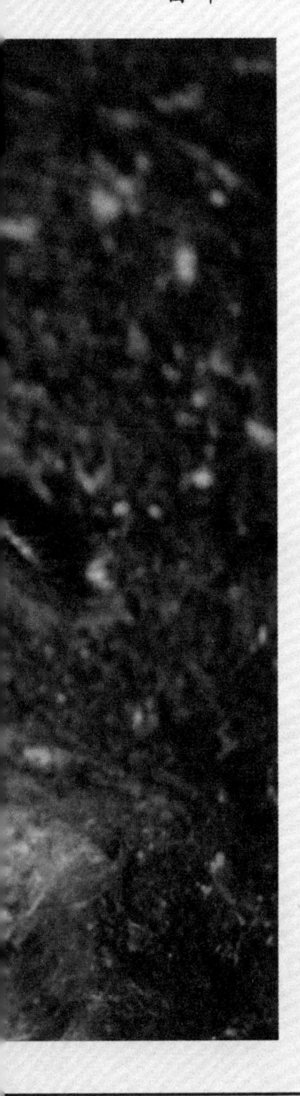

“海蜘蛛”的原型，应该有这两位络新妇的功劳。不过它们的毒性不大，人被咬了也就和被蜜蜂蜇了差不多，所以对人来说没那么可怕。

徘徊型蜘蛛也有大个儿的。海南岛有一种海南单柄蛛，它属于捕鸟蛛亚科，浑身是毛，威武雄壮，足展开有惊人的18厘米长！虽然属于捕鸟蛛的一种，但它不会真的抓鸟，因为它没有网，只能在地面吃点儿虫子。不过，要是哪个倒霉的小老鼠撞到嘴边，它也可以给料理了。

此外，中国沿海地区还有施氏单柄蛛和敬钊缨毛蛛，体形和海南单柄蛛差不多，都是超大号的毛蜘蛛，令人退避三舍。

以上这几种蜘蛛，海人如果看到它们，一定会受到强烈的震撼，回去一添油加醋，这些现实中的大蜘蛛就变成了能活千年、能抓虎豹的怪兽了。

【土鳖】

后背长眼，改斜归正

土鳖，没有比这更土的名字了。但这掩盖不了它的神奇：不仅后背长满了眼睛，还是从大海登上陆地的伟大尝试者。

土鱉背微突體圓長而綠色黑點畧如荷錢
前有兩鬚口在其下腹白如鱉裙吸粘海巖
上海人取而食之鮮入市賣不在人耳目也

土鱉贊

青錢選中色侔蒼菌
小小土鱉亦海守神

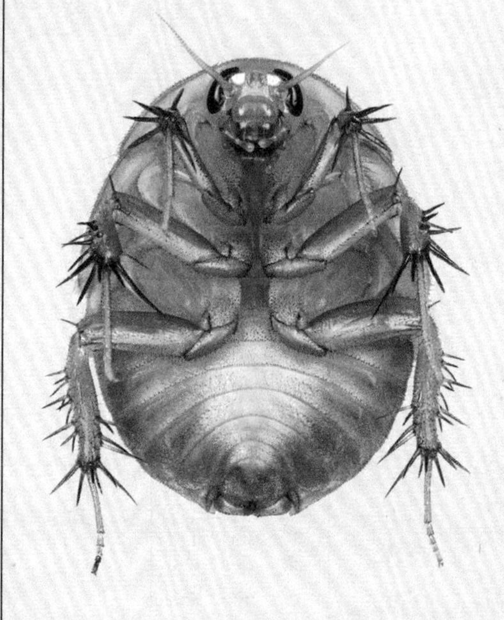

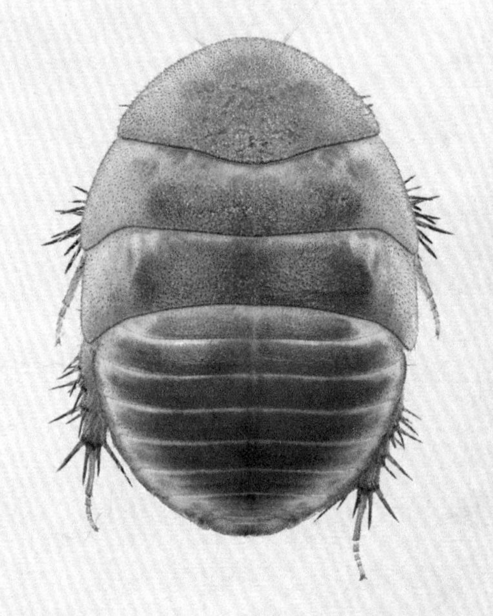

北京话里的『土鳖』指的是蟑螂的亲戚——地鳖。《海错图》里的土鳖肯定不是它

海边的土鳖（一）

在北京话里，“土鳖”指的是蜚蠊目、地鳖科的昆虫，就像一个大号的蟑螂。但《海错图》里的这个土鳖显然是另一种动物。

看看文字描述：“腹白如鳖裙，吸粘海岩上。”这就更不是地鳖了。地鳖的腹部没有黏性。听上去更像是腹足纲动物（蜗牛、海螺）的腹足。再看：“背微突，体圆长而绿色，黑点略如荷钱，前有两须，口在其下。”“荷钱”就是幼嫩的、星星点点浮在水上的小荷叶。配图里也画得很清楚：这动物的后背上有很多小黑点。配合椭圆的身体、两根短短的“须”，应该就是它了——石磺。

三环套月的麻子

虽然听着像一种矿物，但石磺确实是动物。它属于腹足纲，真肺目，缩眼亚目，石磺总科，是蜗牛和蛞蝓的亲戚。所谓“两须”，就是它的触角。它每根触角的顶端各有一只眼睛。

至于后背的黑点，则是各种疙瘩。看着它，让人想起一句形容麻子脸的话：“大麻子套着小麻子，小麻子套着小小麻子，小小麻子里有一坑儿，坑儿里还有一小黑点！三环套月的麻子！”你看，每个疙瘩的顶端真的有几个黑点。这些黑点，其实都是眼睛！

在它的后背正中央有一个最大的疙瘩，上面的黑点叫“背眼”，其他小疙瘩上的黑点叫“瘤眼”。黑点是晶体细胞，可以感知光线强弱。如果突然用强光照射，背眼会马上缩回去，证明它的感光能力相当强。有了这些小眼，石磺就能判断今天的天气是否宜出行。

在厦门拍到的石磺。可以看到后背正中的背眼，周围的瘤眼，以及它们尖端的小眼

从海到陆？从陆到海？

中国有六七种石磺，都生活在海滨潮间带，就是退潮时露出来、涨潮时又淹没的那个地带。为什么非在这种模棱两可的地方，而不是纯陆生或纯海生？

学界有两种说法。一个是，石磺祖先本是陆生，现在正在侵入大海。第二个说法相反，石磺本是海生，现正侵入陆地。

华东沿海有4种石磺。它们就展现了一种过渡状态：紫色疣石磺在低潮区，大部分时间都泡在海里，有树枝状鳃，可以在水下长时间生活；平疣桑椹石磺和里氏拟石磺没有鳃，用皮肤和呼吸孔呼吸，生活在中间地带；瘤背石磺生活在高潮区，最适应陆地环境，被水淹久了会憋死，因为它主要用呼吸孔直接呼吸空气。那么，它们的演化地位到底谁先谁后呢？

我觉得还得从石磺的幼体看。动物的幼体往往会展现出一些祖先的特征。石磺会经历一个“面盘幼虫”期。此时它长着一对“面盘”，用来游泳。这是海生贝类才有的一个阶段，而石磺的亲戚——其他陆生肺螺类并没有这个阶段。这应该可以证明，石磺的进化路线应该是从海到陆，而不是从陆到海。

这是台湾『中央研究院』生物多样性研究中心黄世彬老师拍摄的石磺。被放进水族缸里的石磺，洗净了身上的泥土，露出了本来模样

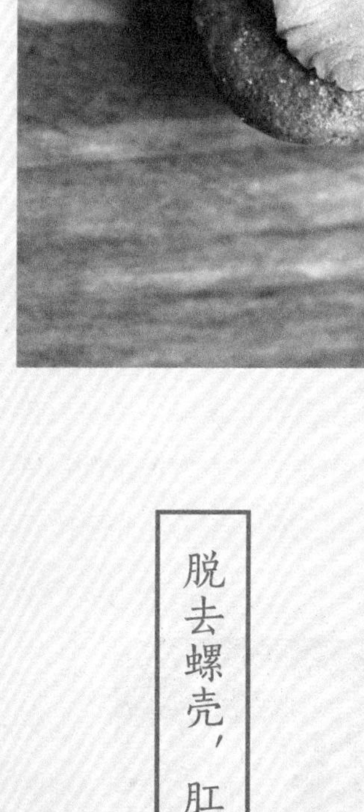

在网上买来的石磺干泡发后的样子。左为腹面，右为背面，能鉴定出它是瘤背石磺

四 脱去螺壳，肛门归位

石磺的幼体还有一个特点——有螺壳！但长大后就脱落了。这证明它的祖先是有壳的，但演化中抛弃了壳。大概它的生活环境里，没壳比有壳更有利。放弃螺壳后，它的身体还发生了一个“改斜归正”的变化。

想当初，腹足纲祖先的体态是很正常的。身体前端是头，后端是肛门，背上是个碗状的壳。后来为了容纳更多身体、减少水流阻力，壳变成了螺旋状，内脏也一起发生了扭转，肛门活生生改为冲前开口了，每次粑粑都拉在后脑勺旁边，你想想多别扭吧。石磺把螺壳抛弃之后，身体重新正了回来，肛门又回到身体末端，开口冲后了，卫生了不少，可喜可贺。

鳖、龟、鸡和海参 ⑤

现在似乎没人管石磺叫“土鳖”了，但有“泥龟”一名存世，也许是土鳖的变体。其实还是称其为鳖更合适，因为它的腹足宽大柔软，“如鳖裙”。既以鳖裙形容，想必味道不错？嗯，从它的其他俗名“土鸡”“土海参”来看，确是被当作美味的。

渔民会来到长满芦苇和大米草的滩涂上，捡拾泥上爬行的石磺。开水烫烫，剥掉疙里疙瘩的表皮，挖去内脏，晒成干，煲汤时放几个。也可以趁新鲜切成丝炒着吃。是江苏盐城、上海崇明岛、浙江温州和福建宁德的小众美食。

虽然小众到当地人都不见得知道，可石磺竟也被环境污染、滩涂破坏、人为捕捞等悄无声息地搞得数量大减，需要科研人员人工繁殖放流了。本来少有人研究石磺，现在突然搞人工繁殖，只能硬着头皮试。看着他们论文里记录的一次次失败和取得成果后难掩的喜悦，我的心情也跟着起起伏伏。

这也是黄世彬老师拍摄到的有趣画面：不慎翻身后，由于没有碍事的壳，石磺可以很快翻过来

被放进水族缸里的石磺

实验室里的石磺

六

后来无意中，我碰到了这位学者的一名女学生。她说，她的工作是给石磺分类，分类依据是齿舌上的齿数。齿舌在石磺嘴里，上面有密密麻麻的小齿，用来刮食藻类。于是这位姑娘就天天在显微镜下，数齿舌上的齿。听着眼睛都疼。

石磺是雌雄同体，异体受精，交配时可以同时担任雌性和雄性。于是在野外，常能看到石磺连成一串交配，把精子递给前面一只，同时接受后一只的精子，既当爹又当妈。但是队尾的石磺只能当爹，因为它后面没有石磺了。那么，队首会不会和队尾连上，成为一个闭合的环？这样，每一个成员不就都可以当爹又当妈，达到生命的大和谐了吗？

这位姑娘告诉我，在野外，天高海阔，石磺很难成环，但是实验室里就不一样了。他们实验室每人养一箱石磺。箱内空间狭小，队首很容易碰上队尾，成环很容易。

于是，实验室每年的一大赛事，就是在石磺的交配季节，大家把箱子摆好，一声令下掀开盖子，看谁的石磺环最大。“最高纪录是我师兄的箱子，一个环里有15只石磺。”她说。

作酒筵色料菜點咀嚼如豆粉而脆或云能消痰考本草不載海粉出廣東稱海珠海苔本草與紫菜海藻並載云療癭瘤結氣功同今醫家止知海藻而已海苔浙閩海塗冬春為盛吾浙寧台温之苔頗美閭閻食此勝於醃虀一種淡苔尤妙暑月籠覆牲臠能令蜈蚣褁足不前亦一異也

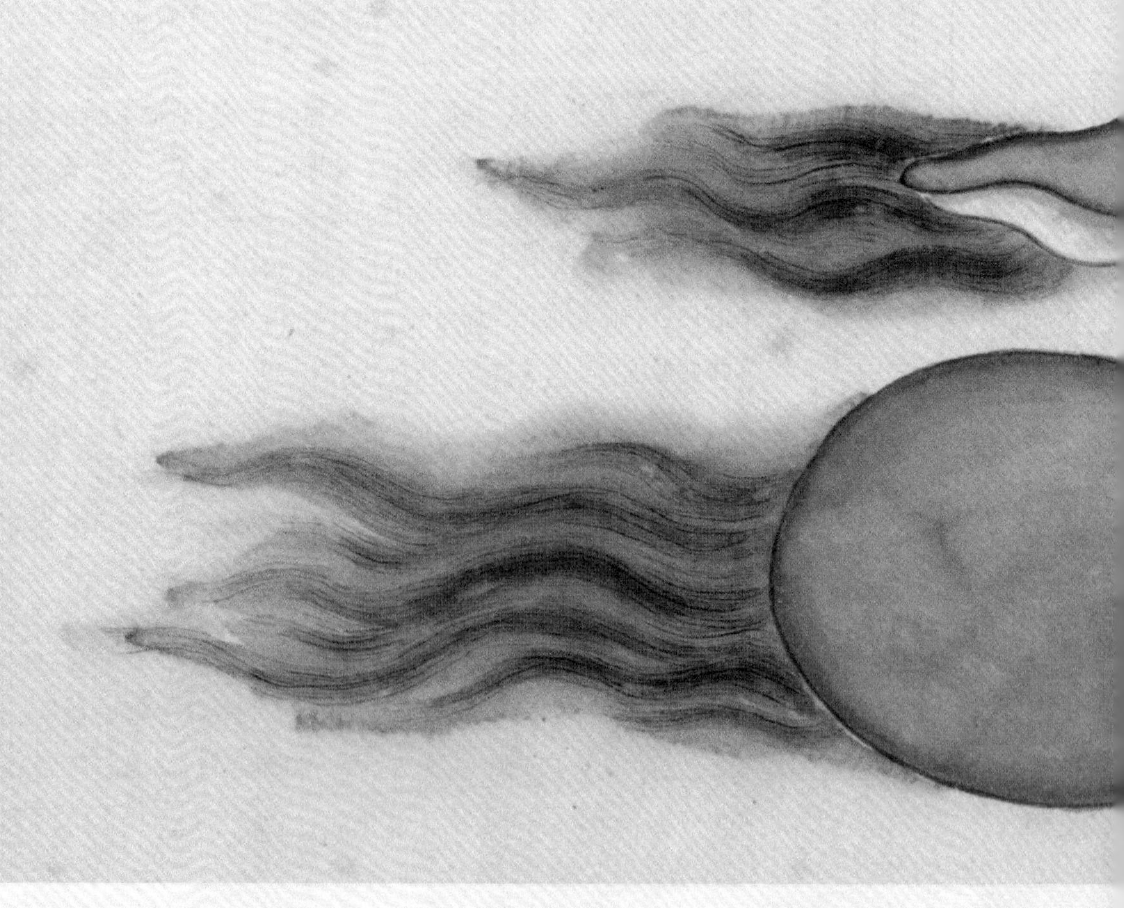

【海粉虫】

吃的是苔，挤的是粉

『海粉』是一种颇为小众的食物。传说它是由海里的一种虫子『拉』出来的物质。听上去好诡异。而由它的渊源又能牵扯出另一种神秘的『毯鱼』。

海粉虫產閩中海塗形圓徑二三寸背高突黑灰色腹下淡紅色如鱉裙一片好食海濱青苔而所遺出者即為海粉閩人云此虫食苔過多常從其背裂迸出粉海人乘時

这是海兔的壳。平时它藏在体内，海兔死后才会显露出来

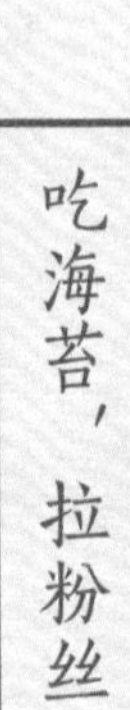

吃海苔，拉粉丝？（一）

“海粉虫，产在福建中部的海边滩涂中。它爱吃海滨的海苔，再拉出来一种叫‘海粉’的东西。福建人说，这种虫吃苔过多的话，后背就会撑裂，迸出很多海粉。渔民把海粉收集起来食用，第一天是绿色，第二天就变成黄色，不如绿色的好吃了。”聂璜这样描述它。他画的图也十分形象：图中是两条软飞碟状的海粉虫，上面为侧视图，下面为俯视图；它们一边吃着左边的海苔，一边拉出右边的海粉。聂璜认为，海粉是海粉虫的排泄物，正如蚕沙是蚕的粪便一样，所以他写了一首《海粉虫赞》：

以虫食苔，
取粉弃虫。
比之蚕沙，
取用正同。

海中丑兔，壳藏肉中

㊁

今天，我们依然可以在沿海地区或互联网上买到“海粉”的干制品——一团纠缠在一起的面条状物质。如果到海边走走，就能在礁石上看到新鲜的海粉。运气好的话，还能看到旁边趴着一个奇怪的东西，长得和《海错图》中所画之物相似。对，就是海粉虫。它的正式名称叫“海兔”，海粉不是它的排泄物，而是它的卵群带。

海兔属于海蛞蝓（蜗牛、海螺的亲戚）家族的一支——海兔科。不少海蛞蝓精致鲜艳，常常萌倒一群人，但海兔却相当“暗黑”。它有着土黄色或灰黑色的肥胖身体，腹足从身体两侧翻卷到背上，形成“侧足”，就像甲鱼的裙边一样。《海错图》中的“背高突”说的就是它的侧足。海兔的头上有两个兔耳状的触角，可完全没有兔子的可爱模样，就是一摊形状不明的黏糊物体。

海兔的祖先和海螺一样，是有壳的。但现在，海兔的壳退化成了一个薄薄的小片，平时被埋在肉里看不到，只有等海兔死去身体萎缩后，这个指甲盖大的壳才现于其后背。

海兔的侧足立在背上，所以聂璜说它『背高突』

能雌能雄，卵从背出

三

海兔的日常生活，就是全身心地投入到吃各种海藻中，甚至吃到身体都变成海藻的颜色。有时大海退潮了，它还不舍得离开，最后被晒死在礁石上，蠢得令人心碎。

吃饱了就要干正事——该交配了。海兔是雌雄同体的动物，但自己没法和自己交配，必须找另外一只海兔帮忙。我们常能在海边看到“连环大交配”的盛况：六七只海兔首尾相连，像小火车一样，最前面的一只充当雌性，最后的一只充当雄性，中间的则既当雄性又当雌性（把自己的精子给前一只海兔，同时接受后一只海兔的精子）。交配之后，除了最后一只，其余的海兔全都怀孕了。大家纷纷散开，各当各妈去。

然后就是产卵，也就是“海粉”了。《海错图》中称，海粉是“从后背的裂缝迸出”的。这不是瞎说。海兔的生殖孔就在它的后背，卵自然就从这儿排出。上百万颗微小的卵，被裹在一根长长的细带子里，组成“卵群带”。不同种类的海兔，甚至同一只海兔吃的藻类不同，都会导致卵群带的颜色不同。所以《海错图》说海粉“第一天绿色，第二天变黄”是不全面的。反而是后来乾隆年间的《本草纲目拾遗》写得更准确：“海粉随海菜之色而成，或晒晾不得法则黄。”

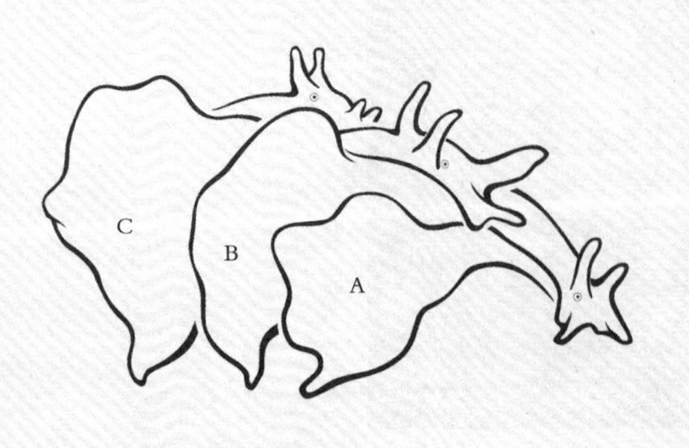

3只海兔交配示意图。A担任雌性，B兼任雄性和雌性，C担任雄性

正在产卵的海兔。在一条1厘米长的卵带中，一般有840~1 800粒卵

杂斑海兔睡觉时会缩成球形

《海错图》中的「毬鱼」

睡觉缩球，受惊喷雾

四

《海错图》中还收录了一种“毬鱼”，是一名广东人为聂璜描述的。它“形如蹴鞠（注：足球）而无鳞翅，纹如丝。”这描述过于简单，实在鉴定不了。不过，海中确有类似的生物，它也是一种海兔——杂斑海兔。它本是普通的海兔模样，但白天喜欢卷成一个完美的球睡觉，而且总是好多只聚在一起睡。每只杂斑海兔的花纹都不同，看上去就像海里有一堆花色斑驳的乒乓球。这种球形睡姿是一种自我保护。睡醒后，它就展开软趴趴的身体，在海底爬行起来。毬鱼是不是它的原型呢？不好说，至少有这个可能吧。

除了团成球，有些种类的海兔还会放烟幕弹。如果用手戳它，它就会愤怒地挤出一股紫色的液体，把周围的海水全染得变了色，看着就像蓝莓汁或葡萄酒。不过可不能尝，这液体是有毒的！

把买来的干海粉泡发后，我做了一碗海粉排骨汤

海兔可养，海粉可烹

五

兔子可以养，海兔也可以养。在清代就有人开始养海兔了。当时的办法是，冬天采集海兔幼体，养在家中，春天把它们放入潮间带的“海田”中，遍插竹竿，海兔就会把卵群带产在竹竿上，收集起来很方便。现在，福建人依然用类似的办法来养殖“蓝斑背肛海兔”，只是方法更科学，“海粉”产量更高。

海粉怎么吃呢？有甜、咸两种吃法。先把干制品泡发，再多次冲洗，因为里面有很多沙子。喜甜者，加冰糖煮熟，做成清凉的甜品。喜咸者，和鸡肉、排骨一起煮汤，能吸收汤汁的美味，激发自身的鲜味。也可以试试《海错图》中介绍的方法：当作筵席上的“色料装点”，为看不为吃。那么海粉好不好吃呢？聂璜说：“咀嚼如豆粉而脆。”我从互联网上买了点儿，做了个“海粉排骨汤”。一尝，像有点儿韧的粉丝，满口都是腥鲜味，舌头回到了大海。

一只黑色的海兔释放出酒红色的液体自卫

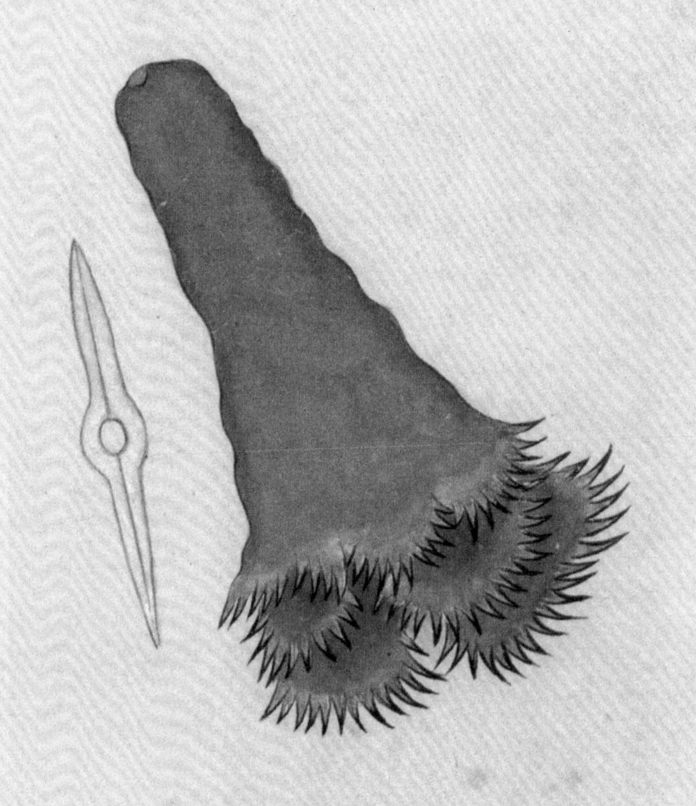

泥翅贊

弱肉吸土
性秉於陽
其中有骨
外柔內剛

【泥翅】

如鳃似笔，外柔内刚

《海错图》中所绘的『泥翅』样子很怪。它到底算哪种动物？为什么体内还有一根『簪子』？这种诡异的东西，其实是最早出现在地球上的动物之一。

泥翅約長四五寸吸海塗間翹然而起頭上有一孔似口全體紫黑色根下茸茸之翅若毛如魚腮開花亦作腮腥初取之時軟而不堅若洗去其泥沙而搓揉之則鼓其氣而起食者剔去翅剖去其沙内有骨一條可以為簪同猪肉煮食殊脆美温州稱為

哪边是头，哪边是根？

“泥翅，约长四五寸，吸海涂间，翘然而起。”聂璜这样写道。他绘制的“泥翅”是这样的：一根粗粗的肉柱，一端有个小孔，另一端长了很多片状物，先端开裂，呈羽毛状。这东西是怎样“翘然而起”的呢？聂璜继续写道：“头上有一孔，似口，根下茸茸之翅，若毛，如鱼鳃开花。”看来毛茸茸的一端是“根部”，吸在海底，而光秃秃的另一端是“头部”，高高翘起。

但事实并非如此。他画的这只“泥翅”，今天的科学名称叫“海鳃”。这幅画明显是聂璜照着一只死海鳃画的。而他大概没见过活海鳃，只能根据别人描述的翘立姿态，自行猜想毛茸茸的一端应该是根部。实际上正相反，光秃秃的那端才是“根部”，毛茸茸的那端则高高翘起。

今天在某些海域，依然能见到海鳃林立的场景

我拜托海边的朋友解剖海鳃，拍摄一下中轴骨。结果他意外地发现海鳃的鳃叶里藏着一对三叶小瓷蟹。这种瓷蟹喜欢和海鳃共栖。
左起：棘海鳃反面，三叶小瓷蟹（雄），中轴骨，三叶小瓷蟹（雌），棘海鳃正面

骨骼清奇的珊瑚 ②

海鳃，看上去和任何动物都不搭界，其实它属于刺胞动物门，海鸡冠纲，海鳃目，算是一种软珊瑚。它中间的肉柱叫作“初级水螅体”，就像树的主干一样，底端固定在泥沙中。从初级水螅体上又分出很多分支，上面长着好多“次级水螅体”，每一个都有一圈触手，就像树枝上开着的一朵朵小花。整体看上去，既像鱼鳃，又像一根鹅毛笔，所以得名“海鳃”或“海笔”。

《海错图》中的海鳃旁边，还画了一个针状物体。旁边的文字解释道：“内有骨一条，可以为簪。”唐代刘恂的《岭表录异》中提到另一种海鳃“沙箸”时也说：“其心若骨，白而且劲，可为酒筹（注：行酒令时用的小棍）。”

难道柔软的海鳃体内，竟长有一根长长的骨头吗？我让生活在海边的朋友帮忙抓来海鳃解剖了一下，发现确实如此。很多类群的海鳃都有一根钙质或角质的中轴骨。海鳃就是靠它支撑身体，才能“翘然而起”，迎着水流站立，以便截获水中的颗粒食物。

拍摄广西合浦的这只海鳃时，我特别小心。动作稍大，它就会缩进泥里

海仙人掌是另一种海鳃，它的尸体经常被浪推到沙滩上。这一只是在厦门黄厝海边拍到的

三 愤怒的海鳃

聂璜还写道，海鳃“初取之时，软而不坚。若洗去其泥沙而搓揉之，则鼓其气而起”。看上去脾气很大嘛，被招惹了还气鼓鼓的。其实这源于它的逃脱动作：受到刺激时，肌肉收缩，身体瞬间缩进泥沙里。就像《岭表录异》中描述的：“凡欲采（海鳃）者，轻步向前，及手，急掇之。不然，闻行者声，遽缩入沙中，掘寻之终不可得也。”如果把它拔出来揉搓，它照例会收缩肌肉，从一个长长的瘦子变成短短的胖子，看上去就像“鼓气而起”一样。

除了这瞬间遁地术，有些海鳃，比如海仙人掌属的种类，受到碰触时还会发出蓝白色的荧光。

6亿年前也阔过？

别看海鳃现在知名度不高，但5亿~6亿年前，地球上第一批复杂的多细胞动物中，有好多都跟海鳃长得一样。在澳大利亚的埃迪卡拉，出土了该时期的大量“查恩盘虫”化石，复原后人们发现，它们酷似海鳃，在前寒武纪的海洋中到处都是，一个个立在海底，像小森林一样。有人认为，查恩盘虫可能就是海鳃的祖先。不过也有学者认为，它只是和海鳃长得像而已，实际上并没有关系，也没有留下后代。

今天，在广西北部湾等个别海域，能看到海鳃林立的场景，颇有亿万年前的古韵。

埃迪卡拉动物群里的一种『似海鳃动物』——查恩盘虫的化石

一只海鳃立在海底。它长得像一根羽毛笔，所以也叫海笔

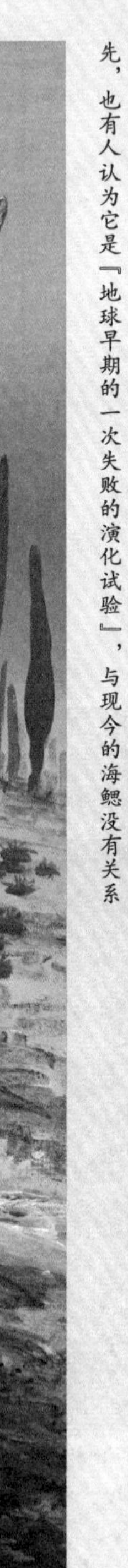

5.5亿年前海洋的想象图。柳叶状直立的物种就是查恩盘虫。有人认为它是现今海鳃的祖先，也有人认为它是『地球早期的一次失败的演化试验』，与现今的海鳃没有关系

各种被吃，被各种吃

五

作为善吃会吃的民族，就连海鳃这么奇怪的东西都会被中国人做成菜肴。《海错图》记载了清代人的吃法：“剔去翅，剖去其沙，同猪肉煮食，殊脆美。”今人则多是用蒜炒、辣椒炒、XO酱炒。和古人相同的是，依然要“剔去翅”，因为那些羽状分支里有很多小骨针，口感不好。另外，那根长长的中轴骨也要去掉。

在广东潮州，人们把海鳃称作“九罗花（狗螺花）”。用一种巨型的“弓耙”拖行海底，就能耙出很多海鳃。以前，在当地这东西很多，除了吃，还用来当肥料。施了海鳃的番薯，会长得特别好。由于海洋污染，现在几乎见不到它的身影了，弓耙也被村民当废铁变卖了。

除了人以外，海蛞蝓、海星也会吃海鳃。比如海蛞蝓，会轻柔地用大嘴一个个啃食次级水螅体，海鳃不知不觉间，就被啃成了斑秃。

海蛞蝓张开白色的大嘴，准备啃食海仙人掌的次级水螅体

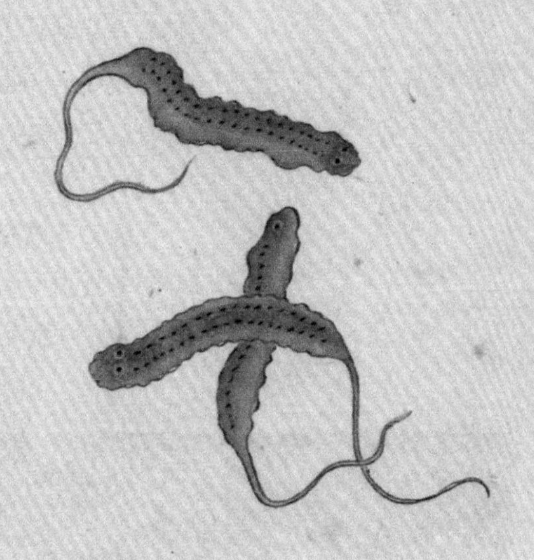

泥釘贊

蠣盤魴鱬
魚鰈作蓬
釘以泥釘
成水晶宮

【泥钉】

泥中肉钉，可口为名

『酸醋芥末芫荽香，鸡鸭鱼肉我都无稀罕，特别爱咱家乡土笋冻，哇，哇，想做土笋冻。』这首闽南歌曲中的小吃『土笋冻』和笋没有关系，而是由一种奇怪的虫子制成的。《海错图》中，这种虫子叫作『泥钉』。

泥釘如蚓一段而有尾海人冬月掘海塗取之洗去泥復搗敲净白僅存其皮寸切炒食甚脆美臘月細剝和猪肉熬凍最清美而性冷

一幅颠倒的画

一

《海错图》里说："泥钉，如蚓一段而有尾。"这句话下面就是3条"泥钉"的肖像：肉虫子一样的身体，尾部突然变细，和细尾相对的一端有两个黑眼睛，表示这端是头部。

单看这张图，很容易联想到一种著名的虫子——大尾（音yǐ）巴蛆。

北京人有时会说："您别装大尾巴蛆了。"意思是"您别装蒜了"。比起来，大尾巴蛆听上去更有杀伤力，但现在的口语使用率却远远低于"装蒜"。原因也许在于，今天生活中很难看到大尾巴蛆，大家对它已经陌生了。

常见的蛆是苍蝇的幼虫，别说大尾巴，小尾巴都没有。所谓大尾巴蛆，其实是一个特殊类群——管蚜蝇族下某些种类的幼虫。它的身体末端有一条细长的尾巴。昆虫学上，特指这样的幼虫为"鼠尾蛆"。大尾巴的作用是呼吸管，当它全身心投入污水里觅食时，尾巴会伸出来呼吸空气。以前它在农村旱厕里常见，现在卫生改善，少见了。

但鼠尾蛆只生活在淡水里，《海错图》却说"泥钉"生活在海边的滩涂中，还说海边人会在冬天把它从泥里挖出来，"洗去泥，复捣鼓净白，仅存其皮，寸切炒食，甚脆美"。就凭鼠尾蛆那层膜一样的薄皮，一捣就烂了，不可能炒着吃。

所以泥钉的真身另有其人。那细细的尾巴，其实是它的头部，粗的那端反而是尾部，《海错图》把它画倒了，还自作主张在尾部点上了眼睛。

长尾管蚜蝇（左）和它的幼虫（右）。幼虫尾部有呼吸管，百姓口中的『大尾巴蛆』指的就是它

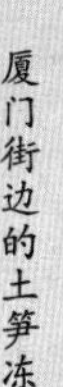
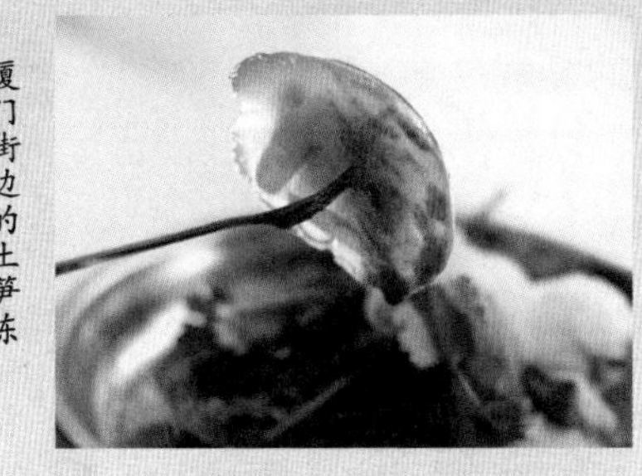

厦门街边的土笋冻

写到这，很多广西人应该知道是啥了。这名字，这样子，这吃法，就是经常煲粥、炒菜、蒸蛋、做汤吃的泥钉嘛。这是一种环节动物门的虫子，广西人至今仍叫它泥钉。1958年，两位中国科学家将它定名为“可口革囊星虫”。这二老起名时估计流着哈喇子呢。

不过之后很多学者认为，这种星虫和之前命名过的“弓形革囊星虫”是同一种。按照命名法则，以先起的名字为准。所以，虽然“可口革囊星虫”好记，但我们还是叫它弓形革囊星虫吧。

除了“寸切炒食”，《海错图》还介绍了一种吃法：“细剁，和猪肉熬冻，最清美。”这基本就是弓形革囊星虫在福建最著名的做法“土笋冻”了。在泉州安海或厦门街边的一些玻璃柜子里面，码着一块块亮晶晶的物体，很像肉皮冻，里面“冻”着的就是一根根星虫。

外地游客看到“土笋冻”的字样，常会问：“这是竹笋吗？”摊主会斟酌着说：“啊，不是竹笋，是长得像竹笋的一种……一种动物。”这时必须注意用词，那些说“是一种泥巴里的大肉虫子”的摊主都被大自然淘汰了。趁游客还迷糊，摊主赶紧把几块土笋冻装在碗里，倒上酱油、醋、芥末、香菜递过去。往嘴里一放，“笋”脆爽，“冻”滑嫩，也没有怪味，挺好吃！

微调的做法 三

《海错图》成书的明末清初，对泥钉的做法还比较复杂，又要剁碎，又要加猪肉。今天的做法简单多了：人们挖来虫子，先用水洗掉泥沙，再把内脏挤出来（以前是用脚踩，现在改用石磨碾了）。彻底洗净后，就放进锅里煮。虫体内的胶质煮出来后，连虫带汤倒进小碗里晾凉，就自然凝结成冻状了。

招潮蟹在打斗。星虫就藏在它们脚下的滩涂中

广西北海的泥钉汤。由于身体内部被翻到了外面，所以看上去和活着时不太一样

炒食的做法也比清朝时偷懒。以前要“寸切”，现在是整只虫不切。不过炒之前要把虫体的内面整个翻出到外面来，外皮藏在了里面，内部纵条状的肌肉被翻到了表面，看上去和活着时是两种动物，其实只是内衣外穿了。

四 亲手挖泥钉

曾经，整个东南沿海都有大量的弓形革囊星虫，现在，滩涂要么被填海造陆，要么水质受到污染，要么为了美观被换成了纯净的海沙，星虫数量大减。拿厦门来说，市面上的星虫，大多是浙江、广东一带运来的。

2014年，我和同事在厦门采访时，特意坐上小木船，来到一个无人岛——鳄鱼屿，去寻找弓形革囊星虫。

承包此岛的老汉“鳄鱼屿岛主”在岛上常年植树造林，使这里环境甚好。老汉的儿子“鳄少”带我们上了岛。他说：“鳄鱼屿受海浪侵蚀，面积越来越小，所以我们在滩涂种了几片红树林，保护海岸。林下的泥里就有星虫。不过要等下午落潮后，滩涂露出，才能去挖。”

等了几个小时后，“海水退到最低了，走！”鳄少扛上锄头，带我们来到了一处红树林。他蹲下来，用锄头轻轻地

鳄少在小心地挖星虫

挖出的弓形革囊星虫不能直接放在泥上，否则它会迅速用吻挖洞钻进去

挖着泥沙，没挖几下，就喊了声“有了”。我们凑过去，只见一条小指粗细的肉虫正在翻滚，一端还有一条细细的“尾巴”。就是它，弓形革囊星虫！

星虫被挖出来后，惊慌地把“尾巴”往地里钻，试图回到地下。其实这不是尾巴，而是它头部的“翻吻”。这条长吻可以缩进体内，也能伸得很长。平时，星虫藏在泥里，把翻吻伸出地面。翻吻的顶端具有触手，可以在海水中截取藻类和有机物碎屑食用。为了消化这些食物，它的消化道有身体的6倍长，盘绕在粗壮的身体里。

我捏了捏它，它的翻吻立刻缩成了一个肉球，整个身体也紧绷绷的。正是这种遍布全身的发达肌肉，让它吃起来具有脆爽的口感。

这里的星虫真不少，基本每一锄都能挖出来，由此可见，它本应是非常常见的动物，只要环境在，是挖不完的。但偌大的厦门，我们却不得不来到这小岛上才能找到它。人类彻底改变了潮间带的环境，和星虫一起消失的，还有怪异的鲎、威武的招潮蟹和低矮的红树林。

回到厦门本岛，我又特意去吃了次土笋冻。用筷子夹起来，迎着阳光，我看着封印在里面的弓形革囊星虫，你们是否也来自远方的某个小岛？

小船离开鳄鱼屿时，我回头拍了一张

墨魚子散布海岩向陽石畔纍纍如
貫珠而皆黑色排列處數百行不可
勝計大都羣聚而育之聽受陽曦育
出本草謂墨魚為鸔鳥所化今驗有
子鳥化之說另當有辨

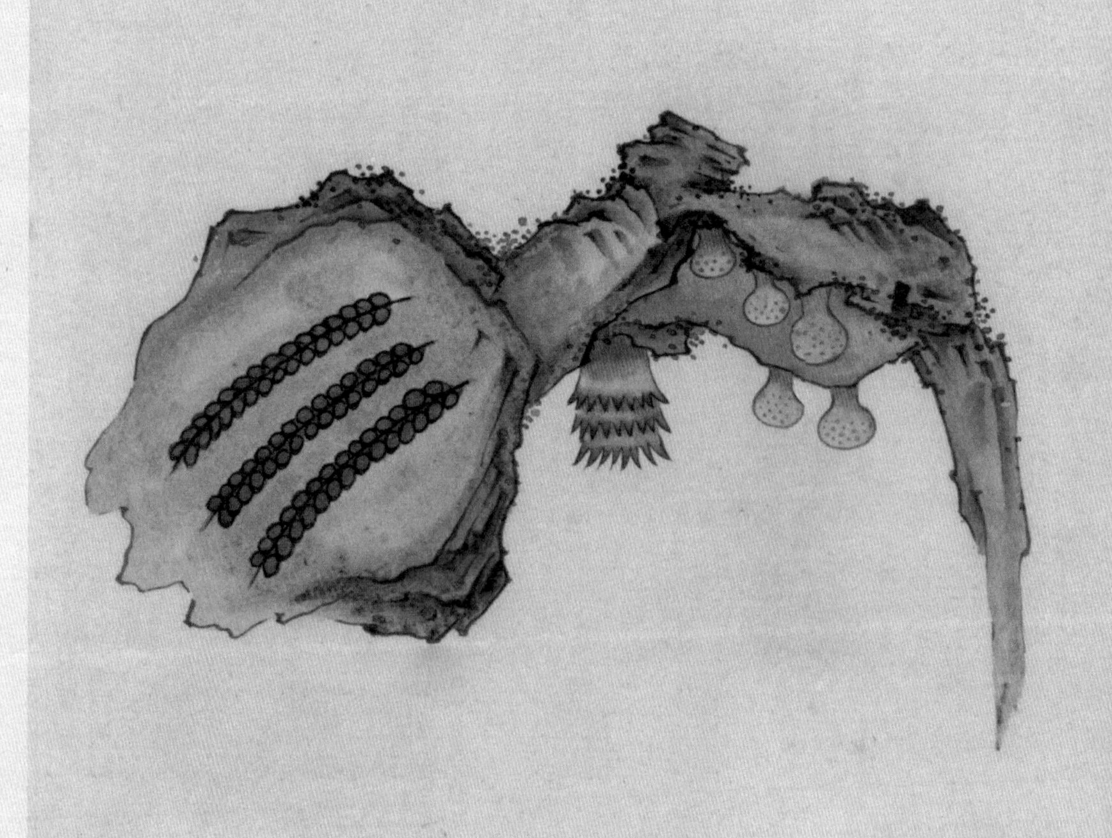

【石乳、墨鱼子】

似乳似花，非黄非白

在浅海的礁石上，经常会出现两种东西。一个像奶头，一个像葡萄。它们是哪种动物呢？

石乳亦名岩乳然有两種圓頭狀如乳者淡紅紫點突起無殼而軟可食大柄而碎裂如剪者雖亦同石乳而名豬母奶亦淡紅色味腥不堪食皆生海岩洞隙陰濕處潮汐經過初生如水泡久之成一乳形

石乳贊

誰母萬物
天一生水
結而成形
孟姜彼美

墨魚子贊

非黃非白
未骨未肉
一點真元
先付厥墨

石头上的『谜之物体』

一

在海边的礁石洞里，几个肉球从洞顶垂下来，上面还有一些小点。这《海错图》画的是什么鬼？不看旁边的注解，估计永远都猜不出来。

看了注解好像也不明白："石乳，亦名岩乳……圆头状如乳者，淡红，紫点突起，无壳而软。"原来它叫石乳，生在石上，长得像乳房。凭这点儿信息还是猜不出。

文中还写道，石乳有两种，另一种是"大柄而碎裂如剪者"。画中还真有一个。它更大更长，顶端有一些细碎的条状结构。这种石乳被称为"猪母奶"。两种石乳都长在"海岩洞隙阴湿处"。

来梳理一下。这种物体有的像乳房，有的有大肉质柄，先端碎裂成条，长在湿润的礁石缝里，俗名石乳和猪母奶……真相只有一个——它是海葵。

退潮时收缩起来的纵条矶海葵，像乳房也像西瓜，它是中国沿海最常见的海葵之一

这幅1860年的绘图，画的是生长在英国沿海地区的海葵。它也和《海错图》一样，画了海葵展开和收缩的样子

有水就张狂，没水就怂包 ②

直接说海葵多好，大家都明白，干吗非用石乳和猪母奶呢？因为“海葵”是近代才出现的名词，古籍中找不到这个词。石乳和猪母奶，都是至今还在沿用的海葵俗名。

《海错图》画的这两种石乳，其实不是两种海葵，而是海葵的两种姿态。“大柄而碎裂如剪”，是海葵在水中展开时的样子。它的肉质柄伸长，顶端的触手张开，像是被剪出来的一朵花。而“圆头状如乳”是它缩起来的样子。每当退潮时，礁石上的海葵就会暴露在空气中，它们会缩回触手，变成类似乳房的形状，以减少水分蒸发。

『巾着』是日本传统手提袋，和海葵缩起来的样子很像

章鱼卵像白色的紫藤花

『污力滔滔』的别名

㊂

海葵展开时常常是涨潮，人类难以靠近，所以人最常见到的海葵形态，就是它在退潮时缩起来的样子。大伙儿根据这个样子，给海葵起了好多别名。

比如日本人叫它“矶巾着”，意思是“海岸边的布袋”。所谓“巾着”，是一种日式手提布袋，袋口有绳子，一拉绳子，袋口就收紧了。如果你是个姑娘，去日本体验穿和服，和服租赁店一定会让你选一款巾着搭配和服。仔细看，袋口收紧的巾着，真像缩起触手的海葵。

这算是比较正常的俗名。接下来的画风可就不对了。缩起来的海葵不但像乳房，还像人类的肛门！所以青岛、威海和大连人叫它“海腚根”。甚至传言，吃了海腚根，可以治疗痔疮。可它自己就像个痔疮，吃了又怎么会管用呢？

日本的有明海地区人民更上一层楼，把海葵称为“わけのしんのす”，也就是“年轻人的肛门”……为什么一定要是年轻人……可能是因为海葵的质感比较嫩吧……

数百行小葡萄

四

现在已经无法直视海葵了。好吧，忘掉它，目光移向《海错图》里那张画的左边。在海葵旁边的石壁上，斜挂着三串像葡萄一样的东西。画旁写道，这是“墨鱼子”，也就是乌贼（墨鱼）的卵。它们“散布海岩向阳石畔，累累如贯珠，而皆黑色。排列处数百行，不可胜计”。

要知道，古人对于乌贼、鱿鱼和章鱼三者的区分不严谨。所以我们得确定，图中画的是不是乌贼的卵。方法很简单，看看这三位的卵长什么样就知道了。

鱿鱼卵就像一个个白色、黄色的大豆角，每个豆角里有好多卵。形状和颜色都不符，排除。

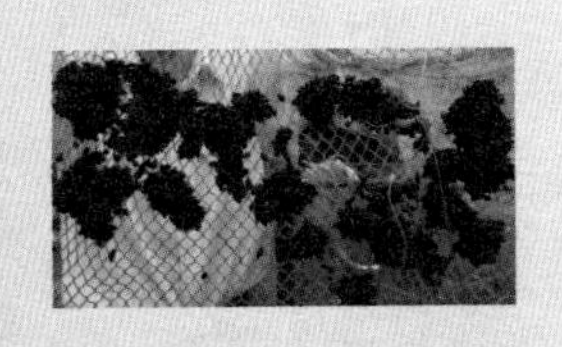

人工繁育的日本无针乌贼的卵

再看章鱼卵，产在海中洞穴的顶端，一串串垂下来，就像紫藤的花序，所以又叫“海藤花”。形状和画中略像，但画中的卵“皆黑色”，而章鱼卵是白色的。颜色不符。另外，画中的卵群平贴在岩石上，也和章鱼卵不同。

最后看乌贼卵。形状、颜色都对得上，还真是墨鱼子！中国常见乌贼有金乌贼、虎斑乌贼、日本无针乌贼（曼氏无针乌贼）、拟目乌贼。其他几种乌贼的卵都是白色的，只有日本无针乌贼的卵是黑的，而且这种乌贼是东海产量最高的乌贼。所以，《海错图》画的应该是日本无针乌贼的卵。

鱿鱼卵像白色的豆荚。图中是鱿鱼的集体产卵地

乌贼（墨鱼）卵像黑色的葡萄

乌变乌贼，那是谣传

五

聂璜看到墨鱼子后，想到一个问题：《本草》中说，墨鱼是由黑色的“鵋鸟”变化而来的。但墨鱼的卵明明就摆在眼前，如果是鸟变的，那就不应该有卵呀。所以他说：“乌化之说，另当有辨”。聂璜的怀疑是正确的，乌贼当然不是鸟变的。

墨鱼子内部只有汁液，不像鸡蛋一样有蛋白和蛋黄，所以聂璜说它“非黄非白，未骨未肉”。其实他看到的是早期的卵，如果是即将孵化的卵，就能透过卵壳看到里面的小乌贼，还能透过小乌贼的透明身体看到它体内的内壳（乌贼骨）。到这时，就是“有骨有肉”了。

乌鱼蛋汤是乌贼缠卵腺做成的名菜

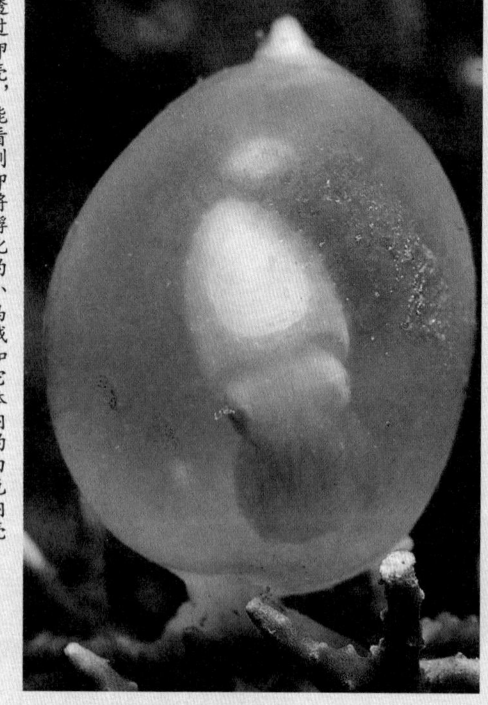

透过卵壳，能看到即将孵化的小乌贼和它体内的白色内壳

青岛码头的格氏丽花海葵，即将被端上餐桌

这两种怪异的海物，对内地人来说仅供猎奇，但在沿海，它俩竟然都能被做成菜肴！

先说海葵。大连和山东沿海，人们食用的多是格氏丽花海葵。它的外形就是"淡红，紫点突起"，和《海错图》中的记载正相同。先洗净，然后在开水中焯一下，去除触手中的黏液和毒性。如果是炒菜，那它和尖椒是固定搭配。做汤的话，作料越简单反而越鲜。大连人还有一种吃法，是用海葵丁蒸鸡蛋羹，也不错。

日本沿海人也吃海葵，最著名的是做成味噌汤。海葵本身有鸡肝、猪肝的味道，有人不喜欢。但味噌汤会抑制肝脏味，所以大家都能接受。还有和海鱼一起烹饪的，那就鲜上加鲜了。至于油炸海葵，则是完全不同的口感。外焦里嫩，咬一口会喷出满口的浓汁，那感觉，真刺激。

墨鱼子也是日本人更喜欢吃，不过挺费劲。要先小心地把卵的外皮剥掉，只留里面水晶珠一样的部分。然后泡在高汤或醋酱油中，送到嘴里，"扑哧"一声咬破，虽然算不上美味，但很好玩的样子。

中国人则更喜欢吃"乌鱼蛋"。这不是乌贼的卵，而是它体内的缠卵腺。切成薄片做成乌鱼蛋汤，吃起来比墨鱼子要痛快多了。

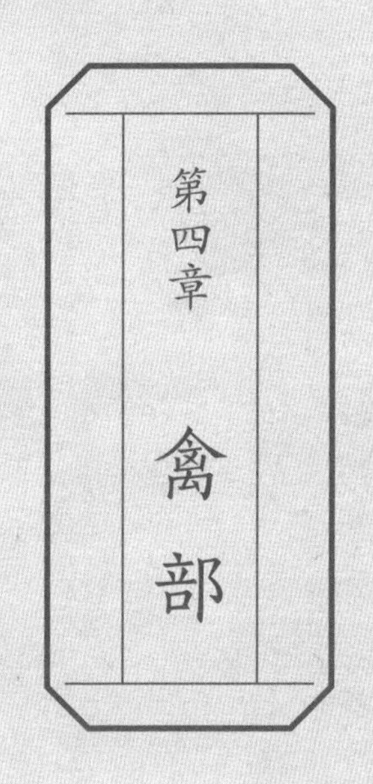
第四章
禽部

時盛衰有一年変者多則花蛤数百斛海人日々取之不竭有一年變者少則取之易竭然、亦有数年無一花蛤之時雀或不変或飛往他處変也若、翁先生九旬有三善談而喜飲必不欺于而妄為是說且月令原有雀入水為蛤之典華人不經見疑信相半耳今得瓦雀化花蛤之說讀月令者可以相悅以解而無疑

瓦雀变花蛤贊

花蛤母雀介屬化生
其殼班駁彷彿羽紋

【雀化鱼蛤】

羽化鳞介，姑妄听之

雀鸟可以变成鱼和蛤蜊，听上去像神话故事，然而这却是自古以来被很多人信奉的一种学说。

瓦雀即麻雀也閩人初為予述海濱花蛤多係瓦雀所化余不敢信以雀體大蛤體小焉得以蛤盡雀之量及謝若翁先生為予言花蛤果為瓦雀所化曾親見之瓦雀當成羣飛集海塗以身穿入沙塗之內死其羽與骨星散所存

雀鸟常会集体来到河边洗澡，『雀入大水』也许与此有关

雀入大水为蛤

一

《礼记》里有一篇叫《月令》，写的是一年中每个月都会发生什么、应该做什么和不应该做什么。

其中有个“季秋之月”，即秋季的最后一个月。这个月会发生一件事：“爵入大水为蛤”。“爵”是“雀”的通假字，也就是“雀入大水为蛤”。意思是说，雀鸟会进入水中，化身为蛤蜊。

古书中，类似的说法有很多，比如鱼卵可以化为蝗虫、鲨鱼可以变成老虎等。这都属于“化生说”的范畴。这个学说认为，一种生物可以变成另一种生物。其中有一些是源于事实，比如冬虫夏草，是虫草菌寄生在蝙蝠蛾幼虫身上，古人就认为是虫化为草了。

但有一些则匪夷所思，比如雀化为蛤。按今天的眼光，这是绝对不可能的。那么，是不是雀与蛤的某些习性，使古人产生了这样的错觉呢？

瓦雀化花蛤（二）

关于“雀入大水”的“大水”，历来有不同的意见。《述异记》载：“淮水中黄雀至秋化为蛤。”意指雀鸟投入的是淮河，那么蛤也应该是河蚌了。

如果是这样的话，似可如此解释：深秋季节，天气寒冷，雀鸟活动减少，只是偶尔在河边群聚洗澡。人们看到鸟变少，便以为它们“入水”了。同时，河水水位下降，泥里的很多河蚌露了出来，人们就以为雀鸟都变成了河蚌。

但很多人把“大水”解释成大海，那么蛤就是海里的贝类了。这又如何解释呢？

聂璜也一直听福建人说，海滨的花蛤多为瓦雀（麻雀）所化，但他不敢信。因为麻雀大，花蛤小，不配套呀。后来，有位叫谢若翁的老先生对他说：“是真的，我亲眼见过。麻雀群飞到滩涂，一头扎在泥里死去，羽毛和骨肉散开，变成无数小花蛤。一只雀能化成数十百花蛤，并非一雀变一蛤！有一年变得多，花蛤天天挖都挖不完。有一年变得少，很快就挖完了。有时好几年都挖不到一枚，可能是麻雀不想变，或者飞到别处变去了。”

聂璜写道：“这位若翁先生93岁了，爱聊天好喝酒，一定不会骗我的！”于是他愉快地相信了。

中国有好几种麻雀，这是最常见的一种——树麻雀，特点是脸蛋上有大黑点，其他几种麻雀都没有这个黑点

蛤纹似羽（三）

93岁了还能喝能聊，令人羡慕，但这不代表他说的是真的。很多老人会把亲身经历、听过的故事和做过的梦混在一起，自己也分不清真假，一概当成真事讲。很多时候故事是好故事，但也只能当成故事。

说回这位谢老先生。他的故事，可能来源于这样几个事实片段：

◇雀鸟确实会在海边群集，或洗澡，或觅食。

◇死在滩涂上的雀鸟，会被海浪打散身体。

◇鸟尸有丰富的有机质，沙中的花蛤会探知到，从而聚集到鸟尸周围，看上去会误以为一只鸟化成了好多小蛤。

◇花蛤确有“大小年”之分，然而这和天气、水文因素有关，和雀鸟没关系。

「花蛤」是民间叫法，指好几种贝类。「瓦雀变花蛤」这幅图里画的花蛤，应该是等边浅蛤，这种蛤蜊花色很丰富

其实我觉得，还有最重要的一点。就是聂璜写的这句话：“（花蛤）其壳斑驳，仿佛羽纹。”花蛤的花纹斑驳，和麻雀的羽色差不多。加上花蛤在滩涂数量巨大，恰似无处不在的麻雀。这两点相似，引发了人们的联想，从而提出“瓦雀化花蛤”的说法。

《海错图》里的「鱼雀互化图」

雌性黄胸鹀。它们会在农历八月禾苗开花时，铺天盖地飞到广东，被当地人称为『禾花雀』。由于被中国人疯狂捕食，它已经从数量极多的鸟类变成了濒危物种

《海错图》里的这幅『黄鰻』，从外形上基本可以肯定是现实中的黄鲫

鱼雀互化

四

《海错图》还有一幅“鱼雀互化”图，说的是广东惠州有一种黄色的“黄雀鱼”，每年农历八月化为黄雀，到了农历十月，黄雀又化为鱼。这种变过去还能变回来的玩法，让聂璜觉得很新鲜。

在我看来，这其实是《述异记》里“黄雀至秋化为蛤，春复化为黄雀”的流变，把蛤换成鱼了。不过也加入了一些现实的因素：惠州紧邻潮汕，潮汕人口中的黄雀鱼指的是黄鲫（虽名鲫，却是一种海水鱼，与淡水鲫鱼无关）。黄鲫在当地的鱼汛是农历腊月左右，离农历十月不远。而黄雀大概指的是著名的“禾花雀”——黄胸鹀（音wú），它正好在农历八月左右迁徙到广东。鸟群到时遮天蔽日，极为壮观。此时黄鲫少而黄雀暴增，人们便认为黄鲫化为了黄雀。到了农历十月，黄雀过境，数量变少，而黄鲫开始慢慢增多，就成了所谓“黄雀又化为鱼”了。

金絲燕贊
由來興廢到處滄桑
烏衣國主換黃袍王

【金丝燕】

吐涎为巢，端上宴席

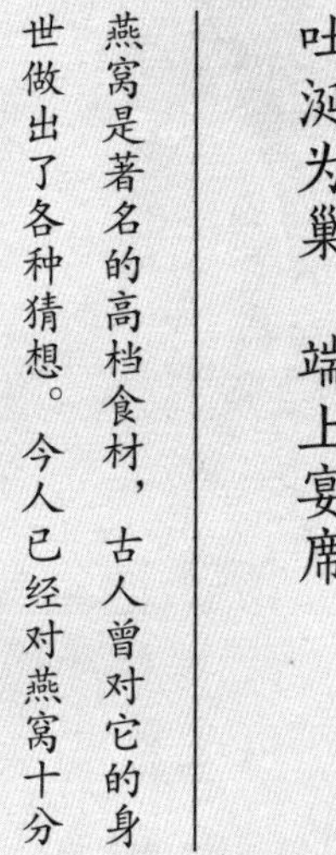

燕窝是著名的高档食材，古人曾对它的身世做出了各种猜想。今人已经对燕窝十分了解，还能让燕子把窝搭在指定的地方。

燕窝来自南洋，所以被归类为『海错』。烹饪燕窝一般使用冰糖

『滋补圣品』，曾经无闻

一

当聂璜写到《海错图》中“燕窝”这一节时，他想查查燕窝的药效，可翻遍了各种医书，都找不到相关信息。今天听起来，简直难以置信。燕窝难道不是著名的补品吗？

事实上，在中国，燕窝作为“滋补圣品”的历史并不长。自古以来，它只是海外的猎奇食品，史书少有记载，明代才开始大量进口，但人们也只把它当成一种食物。直到清代中后期，它才被加上了各种神奇的疗效。

《海错图》成书的前4年，一本叫《本草备要》的书首次记载了燕窝的药效。但聂璜大概没看过这本新书，难怪他说燕窝“本草诸书不载”了。他还写道：“燕窝佳品，不列八珍。”由此看来，在当时的高档食物中，燕窝还不够著名。“八珍”指8种名贵食材。历代版本不同，从周代到清代早期的“八珍”里都没燕窝，直到清代中晚期的版本里，才将其列入其中。

银鱼？螺筋？似是而非

㈡

康熙年间，人们对燕窝了解甚少。也难怪，这东西由丝丝缕缕的半透明物体连缀而成，像一个半圆形的小白碗，和常见的泥巴燕窝差得太远了。当时一个普遍的说法是，这种巢是由一种海燕叼来海中的小白鱼做成的。但聂璜亲手将燕窝解剖，观察里面的白丝，发现并不是鱼。因为鱼一出生就有两个明显的黑眼睛，但燕窝中找不到眼睛。

这时，有人告诉他，一本叫《泉南杂志》的书里有可靠的解释。聂璜找来一查阅，只见里面写道：

“在福建远海接近外国的地方，有种燕子长有黄毛，名叫金丝燕。要产卵时，它们就群飞到泥沙处，啄食一种‘蚕螺’来补身。螺肉上有两根筋，就像枫蚕（注：即樟蚕）丝一样坚韧洁白，螺肉消化了，筋却不化，随着燕子口水一起吐出，就结成小窝。”

聂璜看后感叹：“燕窝果然不是小鱼做成的！”他根据自己的想象，画出了金丝燕筑巢的情景。

《海错图》里的燕窝和金丝燕。这是聂璜臆想的场景，不符合现实情况

古画中的破绽 ㊂

我们来看看这张画。画中有两只羽毛金黄、尾羽修长的燕子，地上有一个燕窝，其中一只金丝燕站在窝旁。由于这场景完全是臆想出来的，所以错误颇多。

首先，燕窝确实是金丝燕制造的。但它既没有长长的燕尾，又没有金色的羽毛，只是黑色的身体上闪烁着一点儿金属光泽。中国大陆有几种金丝燕，不过它们的巢材大部分都是羽毛、杂草，不堪食用。能吃的那种白色燕窝是来自爪哇金丝燕和戈氏金丝燕。它们分布在东南亚，也有极少数生活在中国南海的岛屿上。

其次，燕窝不建在地上，而在高高的山洞石壁上。金丝燕也不会站在地上，因为它的足极度退化，只能攀握。如果落地，就无力再蹬地飞起来，所以它们从不落地，累了就抓在石壁上休息。

为啥不趴在窝里休息呢？因为燕窝只是孵蛋用的。平时，燕子并不需要窝，想在哪儿睡在哪儿睡。到了下蛋之前，才开始筑巢。巢材也并非来自白鱼和螺筋，而只是燕子的唾液。唾液遇到空气就变成固体，逐渐连缀成网状的一个“小碗”。然后雌燕产下两枚卵，等雏燕长大飞走，这个巢就被遗弃，下次繁殖再筑新巢。

金丝燕窝非常小，雌燕孵蛋时只能将将把肚子放进去

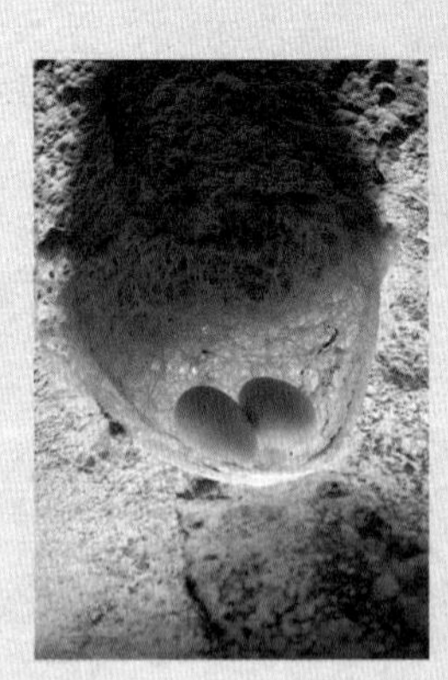

雌燕会在一个燕窝里产两枚卵

人们在山洞里搭上架子，采摘洞燕窝

燕屋吸引了大量金丝燕，在播放燕鸣的喇叭旁，已有一个筑好的燕窝

自古以来，人们都是爬到洞壁上采摘野生的燕窝。按理说，等小燕出巢后，把废弃的巢采下，并不会妨碍燕子的生活。但为了挣钱，人们经常见窝就摘，甚至将巢中的蛋和雏鸟全部倒掉。在这样的破坏下，金丝燕的数量急剧下降。比如缅甸以南的安达曼－尼科巴群岛，当地金丝燕10年里减少了80%。而在我国海南的大洲岛，2002年仅采摘到两个燕窝！

这样下去不是办法，于是东南亚人发明了"燕屋"。它由普通的房屋改造而成，屋里撒上燕粪，播放燕鸣，用气味和声音吸引燕子前来。室内维持高温高湿，并留足燕子盘旋的空间，成为一个人造的洞穴。天花板上呈棋盘状钉着许多木板，燕子就会在木板上筑巢。一个现代化的大燕屋能引来数万只燕子聚居，屋中有水循环系统、除虫防疫系统，还有专人全天监控，防止蛇鼠骚扰。燕屋里的金丝燕依然是野生的，可以自由出入。

洞燕和屋燕

四

燕屋主之间的竞争激烈，谁都想让自己的屋子留住更多燕子，所以人们对待"屋燕"的态度和"洞燕"完全不同：只有雏燕已出巢的燕窝才会被采摘，因为如果破坏燕子的繁殖，燕群就会选择别的燕屋。在这样的良性循环下，金丝燕获得了更多的繁殖地，人也得到了数量更多、质量更好的燕窝。目前市面上的燕窝，大部分都是燕屋出产的。

燕窝补不补？

㈤

坊间传说，如果金丝燕的窝不断被人拿走，它就要一次次被迫筑新巢，直到把血都呕出来，将巢染成红色。这种巢就是燕窝中营养价值最高的“血燕”。

2011年，这个流言被戳破了。燕窝的重要原产地马来西亚的农业部副部长直言，红色燕窝其实不是血所染成，而是山洞中的矿物质渗入燕窝形成的，并且产量极少，红色不均匀。市面上那些红色均匀的血燕，都是用燕粪熏红的，亚硝酸盐严重超标。就算是天然的红燕窝，也不见得更有营养，反而可能带有过量的重金属。那些重金买血燕吃的人，真是当了冤大头了。

那么，普通的燕窝营养又如何呢？经测算，燕窝中含有50%的蛋白质，30%的碳水化合物，10%的水分和一些矿物质，没啥独特成分。就连最高的蛋白质含量，也比不上豆腐皮。而所谓药效，也从未被临床试验证实。相反，在新加坡，燕窝已经超过了海鲜，成为儿童最大的过敏来源。

所以，还是让燕窝走下神坛，回归一个精致鸟窝的本质吧。

图中这种红色均匀的血燕，是由燕子粪便熏蒸而成。这样的骗人伎俩已持续十几年

致谢

在一年多的写作过程中，北京的植物学者王辰、丹东的电台主持人崔从敏、杭州的鱼类学者周卓诚、厦门的“海鲜大叔”陈葆谦、“鳄鱼岛少岛主”林大声、广西的野生动植物保护国际（FFI）负责人林吴颖都为我的野外考察提供过重要的协助。上海的贝类学者何径为我讲解了不少贝类知识。我的爱人在旅游时陪我逛了很多海鲜市场，也让我非常感动。书中部分科学插画由自然插画师张瑜精心绘制，部分照片由陈葆谦、董旭、黄世彬、刘晔、唐志远、王炳、吴超、严莹、曾阳和朱敬恩拍摄，向各位同好一并致谢。

图片

陈葆谦：48、52、92、118

董　旭：152

黄世彬：180、182、183

刘　晔：30左下、30右下

彭　鹏：86

唐志远：43下、84、85

王　炳：30上

吴　超：173下、174

严　莹：28右、29、31

张辰亮：6、23、36下、37、40左上、50、51、53、62、65下、73、79、93上、96、99右、107左、108、109、115左上、121、138、140、141、154左下、163上、166、169、179、181、190、196、204、205、206、207、210、212左、220、223右

张　瑜：38、155下、188、189右

曾　阳、朱敬恩：195

图书在版编目（CIP）数据

海错图笔记 / 张辰亮著. -- 北京 : 中信出版社，
2017.1（2023.5重印）
ISBN 978-7-5086-6906-9

Ⅰ. ①海… Ⅱ. ①张… Ⅲ. ①海洋生物—普及读物
Ⅳ. ①Q178.53-49

中国版本图书馆CIP数据核字(2016)第248803号

图片提供：陈葆谦/董旭/黄世彬/刘晔/彭鹏/唐志远/王炳/吴超/严莹/张辰亮/张瑜/曾阳/朱敬恩/达志影像/东方IC/高品图像/全景视觉/视觉中国/壹图网

海错图笔记

著　　者：张辰亮
策划推广：北京全景地理书业有限公司
出版发行：中信出版集团股份有限公司
（北京市朝阳区东三环北路27 号嘉铭中心　邮编　100020）
承 印 者：北京华联印刷有限公司
制　　版：北京胜杰文化发展有限公司

开　　本：710mm × 1000mm　1/16　　印　　张：14.5　　字　　数：162千字
版　　次：2017年1月第1版　　印　　次：2023年5月第35次印刷
审 图 号：GS（2021）5617号
书　　号：ISBN 978-7-5086-6906-9
定　　价：78.00元